データサイエンスの森 Kaggleの歩き方

カグル

How to walk Kaggle

データサイエンス&
機械学習のための
ポータルサイトの
利用ガイド

坂本俊之 著

C&R研究所

■権利について

- 本書に記述されている社名・製品名などは、一般に各社の商標または登録商標です。
- 本書ではTM、©、®は割愛しています。

■本書の内容について

- 本書は著者·編集者が実際に操作した結果を慎重に検討し、著述·編集しています。ただし、本書の記述内容に関わる運用結果にまつわるあらゆる損害・障害につきましては、責任を負いませんのであらかじめご了承ください。
- 本書は2019年9月現在の情報で記述しています。

●本書の内容についてのお問い合わせについて

この度はC&R研究所の書籍をお買いあげいただきましてありがとうございます。本書の内容に関するお問い合わせは、「書名」「該当するページ番号」「返信先」を必ず明記の上、C&R研究所のホームページ(http://www.c-r.com/)の右上の「お問い合わせ」をクリックし、専用フォームからお送りいただくか、FAXまたは郵送で次の宛先までお送りください。お電話でのお問い合わせや本書の内容とは直接的に関係のない事柄に関するご質問にはお答えできませんので、あらかじめご了承ください。

〒950-3122 新潟県新潟市北区西名目所4083-6　株式会社 C&R研究所　編集部
FAX 025-258-2801
『データサイエンスの森　Kaggleの歩き方』サポート係

はじめに

機械学習やデータマイニングにおいては、データを主役として捉えるあまり、それを扱うエンジニアの属性について軽視される傾向があるように思えます。

果たして機械学習ではデータがすべてであり、エンジニア個人の属性や技術力は問題にならないのでしょうか？　あるいは、データの分析を行うデータサイエンティストというのは、客観的なデータのみに奉仕するロボットなのでしょうか？　いいえ、そんなことはありません。彼らだって、功名心も承認欲求もあるごく普通の人間で、1つでも他人より順位を上げたいと思う人もいれば、競争を避けて自らのソリューションを公開したい人もいる、個性と人間味にあふれた存在なのです。

本書では、データ解析コンペティションを開催しているKaggleというサイトを紹介しますが、Kaggleのコンペティションは、単純にデータを受け取り、解析し、スコアが付けられるだけの流れ作業ではありません。

Kaggle上で行われるコンペティションは、それぞれが1つのドラマです。

データの特性に関する議論や有効なソリューションの公開が行われると思えば、仮順位の推移を巡る駆け引きもあり、そして時には主催者側の問題で右往左往する参加者の姿が見られたりと、コンペティションの開催から終了まで続くお祭り期間中には、さまざまな人間模様を見ることができます。

Kaggleのコンペティションを通じて、そうしたデータサイエンティストたちの活動の実態を紹介し、また、実際にKaggleに参加して、人間味あふれるデータサイエンティストたちと交流するにはどうすればよいかを紹介するために、本書を執筆しました。

そのため、本書では、単にKaggleの使い方を解説するだけではなく、実際のコンペティションで起こった事例を、できるだけ多く取り入れるようにしています。

本書で紹介している内容をもとに、データサイエンティストたちのコミュニティの雰囲気を少しでも感じていただければと思います。

2019年10月

坂本俊之

目次 contents

CHAPTER-03

ノートブックを使いこなそう

CHAPTER-04

Kaggleにおけるコンペティション

CHAPTER-05

Kaggleマスターへの道

APPENDIX

よく使われる機械学習ライブラリ

CHAPTER 01

Kaggleとは

SECTION-01

Kaggleとは何か

KaggleでKagglerがKagglingする

インターネットの世界では、何か革新的なサービスが登場した際に、そのサービス内容を一言で表すために新しい動名詞が生み出されることがあります。

たとえば、インターネット検索エンジンのGoogleが登場した際には、動詞としての「Google」(日本語では「ググる」)という単語が、「Googleで情報を検索する」という意味に使われるようになりました。

そして、いまだ「ググる」という単語ほどには一般化していませんが、先駆的なデータサイエンティストたちの間では、Kaggleというサービスにおいて同じような単語が生み出されています。

Kaggleとは、基本的には企業が解析したいデータを提供し、有志らからなるデータサイエンティストたちがデータの解析を行うことで賞金を受け取るというエコシステムからなる、データ解析コンペティションを主催するサイトです。

そして、「Kaggler」はKaggleに集まるユーザーたち(またはより限定的にコンペティション参加者たち)、「Kaggling」はKaggle上での活動(またはより限定的にコンペティションへの参加とコンペティションでの競争)を指す用語となります。

◆いったいKaggleとは何なのか?

前述したように、Kaggleの本質であり、はじめてKaggleというサイトが登場した際に実装されていたサービスは、極めてシンプルなアイデアに基づくものです。

つまり、さまざまな企業にあるデータを、データサイエンティストたちは自身の研究のために利用したい、また、それらの企業は自社内のデータを有効活用したい、というニーズがあり、それに対してオープンコミュニティの場でデータ解析のコンペティションを開くことで、入賞者は解析用のプログラムとアルゴリズムを企業に提供する代わりに、企業の方は賞金(とKaggleの運営に必要なコスト)を提供する、というアイデアが、当初のKaggleが実現していた主なソリューションでした。

◉Kaggleのエコシステム

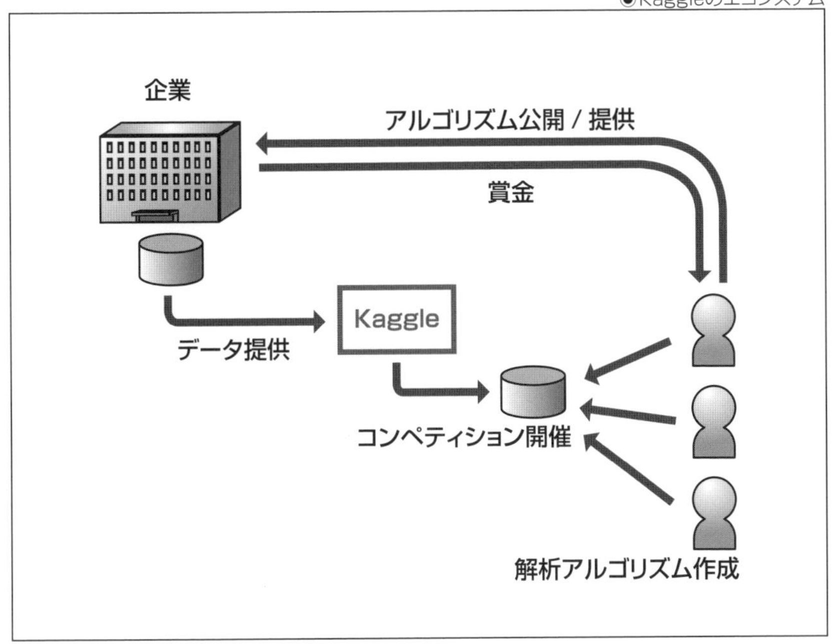

その後、AIや機械学習のブームと、機械学習によるデータ解析の一般化に伴い、Kaggleは参加者を増やし続け、2017年3月にはGoogleの親会社であるAlphabet社に買収され、Googleグループの一員となりました。

そして、参加者の増大と、Alphabet社からの資金による経営の安定化に伴い、Kaggleはデータサイエンティストたちに対するビジネス機会の提供や教育などの分野にも進出し、今では単なるコンペティションの主催企業というだけには留まらない、データサイエンティストたちにとっての一大ポータルとなっています。

◆ コンペティションだけではないKaggling

コンペティションの開催だけに留まらないKaggleの活動例としては、たとえば、データサイエンティストやAI人材を求める企業とKagglerとのマッチングを行う、就職支援サイトのような活動が挙げられます。

これも、基本的にはコンペティションの主催と同じく、機械学習によるデータ解析を必要としている企業と、データ解析のスキルがあるKaggerからなるエコシステムを構築しようという、Kaggleの意図が見受けられます。

残念ながら執筆時点では、日本の企業によるKaggle上での求人はいまだ多くはないのですが、Kaggleの本拠地があるアメリカのみならず、インド、ドイツ、イギリス、アイルランドなど、世界中のさまざまな国の企業が、世界的なレベルの人材を求めてKaggle上で求人を行っています。

●Kaggle上の求人

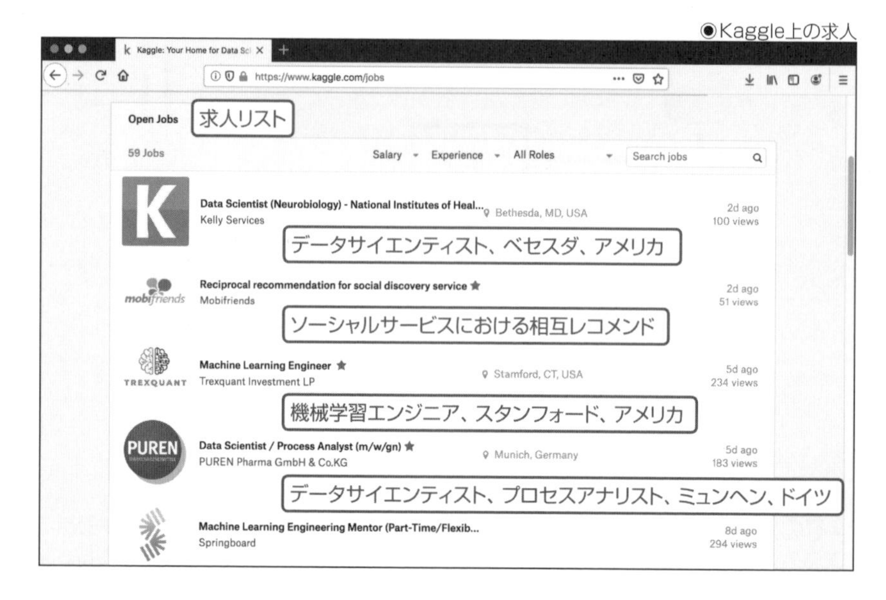

そして、最近、Kaggleが力を入れている分野に、データサイエンティストの育成に関する教育分野が挙げられます。

下図はKaggle上で学習できるデータサイエンス講座のページですが、そのメニューは初心者向けかつ実践的なもので、Python言語の基礎から始まって、機械学習の入門やデータの可視化などデータ解析に必須のスキルを、体系的に学ぶことができるように設計されています。

機械学習の分野は新しい技術の登場と入れ替わりが激しいので、伝統的なカリキュラムをこなす大学などの講座よりも、Kaggle上で公開されている講座の方が、ひょっとしたらより実践的かもしれません。

独学で機械学習を学び、これまで体系だった教育を受けてこなかったエンジニアにとっても、Kaggle上の講座は基礎知識を学び直す良いメニューでしょう。

1 Kaggleとは 2 3 4 5 A

●Kaggle上のデータサイエンス講座

◆Kagglingは就職 or 転職に有利!?

このように、現在のKaggleはコンペティションを主催するサイトというだけではなく、機械学習エンジニアの育成から就職支援まで携わる、データサイエンティスト支援の一大ポータルとなっています。

さらに、AI人材を求める企業やヘッドハンティングを行う企業から見ると、Kaggleは専門的なスキルを持った人材を集中的に探すことができるサイトでもあり、さながらデータサイエンティストやAI人材を求める企業にとっての刈場のような様相さえ示し始めています（実際、筆者に対してもKaggle上のプロフィール欄を見たというスカウト会社から、ヘッドハンティングのためのコンタクトがありました）。

では、なぜデータサイエンティストを求める企業にとって、KaggleとKaggleに参加するKagglerたちが注目されるのでしょうか。

理由の1つは、単純にKaggleが近年どんどんと成長し続けており、参加者の数も増大しているからです。

たとえば、Kaggleの登録者数で見ると、2017年にAlphabet社に買収された時点で8万4000人ほどだったKagglerは、2017年末までに14万人へ増加、2018年には25万人へと増えています。さらに、登録ユーザー数に対するアクティブユーザー数の多いこともKaggleの特徴で、2018年時点で15万5000人のユーザーがアクティブユーザーとしてログインし、Kaggle上で何らかの活動を行っています[1]。

世界的にAI人材が不足しているといわれる中で、これだけのボリュームのある、機械学習およびデータ解析について知識がある人材のコミュニティは、Kaggleの他には存在しません。

Kaggleのコミュニティの大きさをわかりやすく説明すると、中国IT大手テンセントと、求人サイト「BOSS」が共同で発表した「2017グローバル人工知能人材白書」では、世界のAI関連企業で活動しているAI人材の数を約30万人と見積もっており、単純に考えて2017年時点でその半数近くがKaggleに登録している、ということになります。

また、同白書では、世界367カ所の教育機関から排出されているAI人材の数は年間約2万人程度とされているので、AI人材の絶対数がその分だけ増えていたとしても、Kagglerの増加数の方が多いため、AI人材中のKaggerの割合はますます大きくなっているといえるでしょう。

●AI人材とKaggerの数

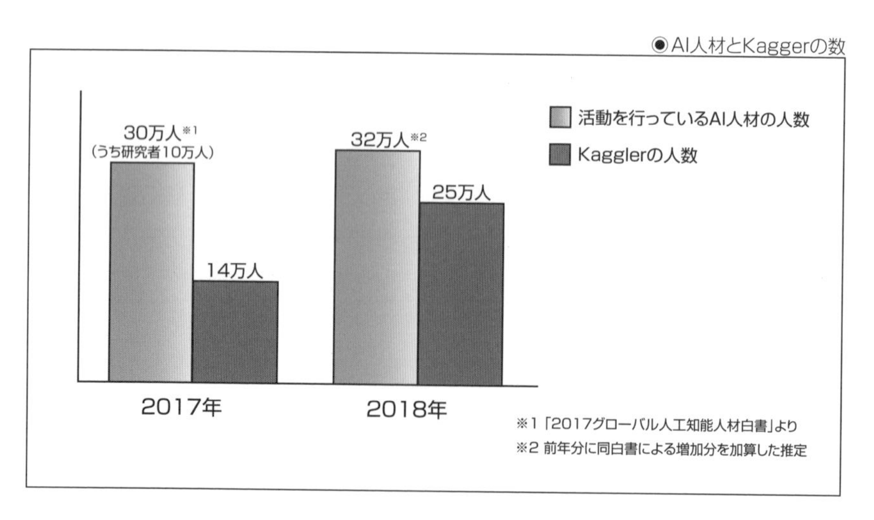

もちろん、Kaggerたちすべてが企業などで活動しているAI人材だとは限らないため、単純に比率として求める数字は必ずしも正確なものではありません。

[1]:Kaggleの公式ブログ(http://blog.kaggle.com/2019/01/18/reviewing-2018-and-previewing-2019/)より

しかし、やはり同白書で80万人不足するとされているAI人材を探そうとした際に、Kaggleのコミュニティとそのボリュームは、無視できないものになります。

さらにオープンなコミュニティの場でコンペティションを競うという特性から、Kaggleでは参加者の解析能力が見えやすい、という点も、より優秀な人材を確保しようとする企業にとっての魅力となっています。

Kaggleに参加するには

Kaggleは、データサイエンティストのためのサイトと銘打っていますが、実際のところは特定のグループに所属する人のみを対象にしているわけではなく、参加するために必要となる資格があるわけでもありません。

つまり、「サイエンティスト」といっても、それは個人的にデータ解析に興味があり、勉強や研究を行う〝つもり〟がある人間、といった程度の意味であり、大学が主催する学会のように博士号などの学位が必要なわけではなく、事実上誰でも参加することができます。

実際、それまでにコンピューターによるデータ解析の作業をまったく経験していない、完全な〝素人〟であっても、何の問題もなくKaggleに参加し、Kaggle上で勉強しながら自らのスキルを伸ばしていくことができます。

本書は、主にそのような、コンピューターによるデータ解析についてほぼ知らない初心者が、Kaggle上で学習するにはどうすればよいか、という手引きを目指して書かれています。

◆Kaggleの公用語

Kaggleは世界に対して開かれているコミュニティであり、人種・国籍などに関係なく世界中から参加者が集まっているサイトです。

しかし、Kaggleの公用語は英語であり、Kaggle上でのやり取りは基本的には英語が中心となります（英語以外に使われる言語といえば、プログラミング言語であるPython言語とR言語くらいのものです!）。

コンペティションの上位入賞者にも、ロシア、インド、中国、イスラエルなど、さまざまな国に住んでいる参加者が見受けられます（もっとも、自己申告のプロフィールにおける所属から判断しているだけなので、本当のところは確認しようがないわけですが）。しかし、参加者の国籍が多岐にわたるといっても、コンペティションの参加要項もディスカッションの内容も、すべて英語で行われます。

さらに、コンペティションのルールや参加要項の文章が英語であるのみならず、文字列照合問題などで使用されるデータセットも、多くの場合で英語のデータが用いられます。

これは主に日本で活動している企業がコンペティションを主催する場合においても同様で、たとえば2018年にメルカリが主催したコンペティションにおいては、オークション出品物の説明文から落札価格を予測する競技が行われたのですが、データセット中の説明文は英語の文章が用いられていました。

このことは、英語以外の言語を母国語とする参加者にとって、データの内容を直接確認するのが難しくなるという意味で、若干のハンディキャップとなります。

もっとも、筆者の経験上は、技術的なディスカッションにおいては母国語ではないと伝わらないような機微を活用する機会はあまりなく、スピーキング&リスニングの必要はもともとないので、Google翻訳など翻訳サイトの手助けを借りれば、掲示板上でのディスカッションには高校卒業程度の英語レベルでも十分に対応できるように感じられます。

●Kaggleのディスカッション

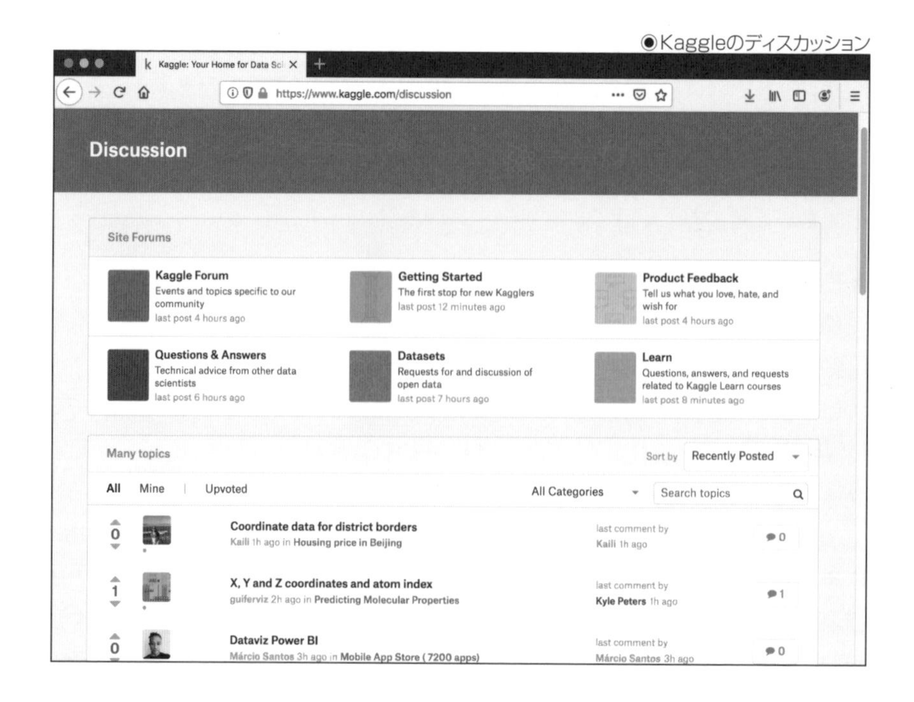

◆必要なスキル

　このようにKaggleは、データ解析に携わる人ならば基本的には誰でも参加することができるサイトです。

　そのため、プログラミングや機械学習のスキルは、Kaggleに参加する上で必ずしも必須というわけではありません。

　単にディスカッションに参加して技術のキャッチアップを目的とする場合や、企業の採用担当者としてデータサイエンティストを探す場合などは、さほどの技術的知識がなくてもKaggle上で活動を行うことはできますし、そもそもKaggleが機械学習の入門用のオンライン講座を設けているのですから、その講座に参加することを目的とするならば、機械学習の初心者であっても十分にKagglingを行うことはできます。

　しかし、たとえばコンペティションに競技者として参加するのであれば、やはり実際のデータ解析を行うだけのスキルが必要になってきます。また、データを提供してコンペティションを主催する場合においても、データの匿名化や特殊な解析手法で不正を行うことを防ぐために、データを取り扱うための知識が必要になります。

　データ解析の手法については、Kaggleでは一般的に、Python言語かR言語による解析用のプログラム作成が行われています。これは特に、ノートブックというKaggle上のプログラム実行環境でデータを解析する場合には必須であり、したがってプログラミング言語に関する知識はあった方が望ましいでしょう。

　後の章で紹介するように、時にはプログラミング言語によるデータ解析プログラム作成を必要としない特殊なコンペティションも開催されますが、やはり原則的にはKaggle上のコンペティションではPython言語かR言語による解析用のプログラム開発が必要になります。

　また、コンペティションを主催しようという場合には、Kaggleに在籍しているデータサイエンティストたちがサポートを行ってくれるので、自社内にデータ解析を行うだけの技術がないのでコンペティションの主催によって社内データを活用しよう、という目的でKaggleに参加することは、さほどハードルは高くないはずです。

◉Kaggle上で必要となるスキルセット

目的	必要なスキル
一般のコンペティションに参加（競技者）	Python言語かR言語・データ解析
技術のキャッチアップ（ディスカッション）	英語
Kagglerへのコンタクト（人材検索）	英語
コンペティションの主催（データ提供）	データ解析・英語
基本的な機械学習の学習	英語

◆用意しなければならないもの

まず、Kaggleはインターネット上のサイトなので、インターネットに接続できる回線は必須となります。

原理的にはタブレットなどのモバイルデバイスでもKaggleに参加することはできますが、やはりきちんとしたPCがある方が望ましいでしょう。PCといっても今ではタブレットPCなどいろいろな形状がありますが、データ解析の作業は、一部の特殊なコンペティションを除いてはPython言語やR言語でのプログラミング作業が中心になるので、プログラムコードを打ち込むための物理キーボードはほぼ必須となります。逆にいえば、使いやすいキーボードさえ搭載されていれば、普通のノートPCでも十分にKagglingを楽しむことができます。

機械学習といえば、一般的にはGPUを多数搭載した高性能なワークステーションやサーバー上で、何日もかかる複雑で高度な計算を行う、というイメージがありますが、意外なことにKaggleではそうした高スペックなマシンは、必ずしも必要ではありません。

これは、後述する「ノートブック」という仕組みにより、解析用のプログラムをKaggleのプラットフォーム上で実行することができるためで、GPUを使用した機械学習プログラムを含めて、新たにKaggle用のマシンを用意しなければならない、ということはありません。

もっとも、コンペティションで上位を目指すのであれば、自由に使用できる高性能なマシンがあった方が圧倒的に有利になることは事実なので、本格的にKaggleに参加しようとする方は、最新のワークステーションの購入も検討する価値があります。また、ローカル環境でデータ解析を行うためには、ビッグデータを保存する記憶デバイスが必要となるので、大容量のHDDまたはSSDがあることが望ましいです。

コンペティションで上位を目指すために、どのようにローカルのマシンパワーを利用できるかについては、後の章で取り上げる予定です。

- 必須
  - インターネット回線
  - 作業用PC
  - プログラミングに適したキーボード
- あった方が望ましいもの
  - GPU搭載サーバーまたは機械学習用ワークステーション
  - 大容量のHDDまたはSSD

Kaggleの活用例

データ解析のインフラとして利用する

Kaggleはデータサイエンティストたちの集うポータルであり、SNSのような要素も持つコミュニティの場でもあります。

さらに、Kaggleにはデータ解析に必要となるオンラインツールが存在しており、サーバーなどの特別なインフラを用意することなく、機械学習によるデータ解析をKaggle上で実行することができます。

◆ ノートブックとは

「ノートブック」とは、Kaggleが用意しているデータ解析のためのプログラミング環境で、以前は「カーネル」と呼ばれていました。

直感的に理解するならば、ウェブ上のインタラクティブエディタでコードを記述すると、サーバー上でそのプログラムを実行し、実行した結果を返すSaaS環境、といったものになります。

「ノートブック」の名前は、インタラクティブなプログラム開発環境である、Jupyter Notebookから来ており、Kaggle上のノートブックにも、Jupyter Notebookをベースにした開発環境が用意されています。

◉ノートブックの仕組み

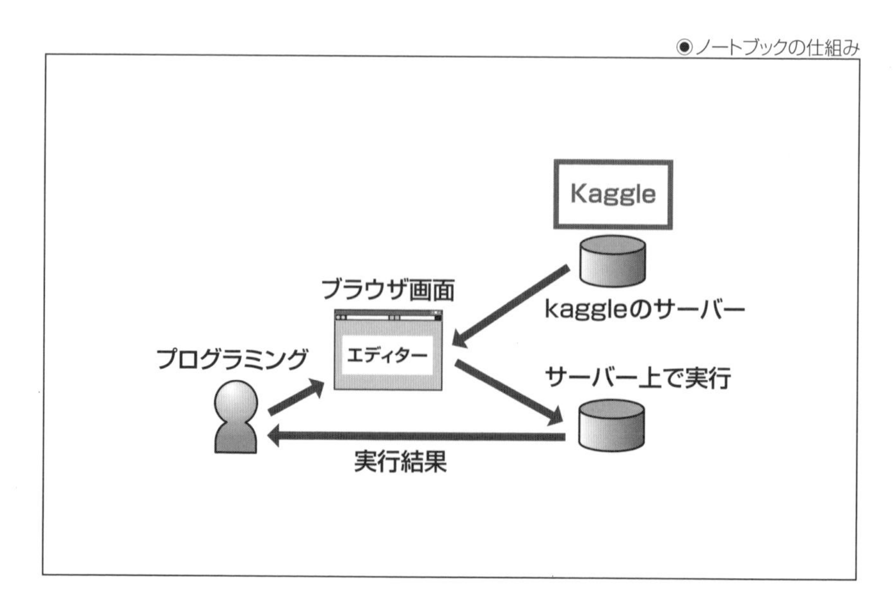

このノートブックでは、機械学習プログラムを実行するサーバーはKaggleが用意してくれるため、ユーザーは自前の機械学習環境を用意することなく、機械学習プログラムを実行することができます。

ノートブックで利用できる計算資源には、通常のCPUを使った場合は4コアCPU・16GBメモリ相当[2]で、さらにGPU搭載サーバーを使った場合の2コアCPU+GPU・12GBメモリ相当[3]も利用することができます。

驚愕すべきはKaggle自体がすべて無料で利用できるサイトであり、このノートブックについても利用料などかかることなく、何度実行しても無料であることです。ノートブックの利用時間については、現在ではGPUを使用した場合の実行時間に週30時間までの制限が付けられており[4]、その範囲内であれば自由に利用することができます。

現在の最新マシンからするとさほど高速というわけではありませんが、それでもGPUを搭載して、それなりの速度で機械学習によるデータ解析を行える環境が、セットアップ不要で利用でき、さらに料金もかからないというのは、GPU搭載サーバーを自前で用意する費用を考えれば、まさに驚くべきことといえます。

ノートブックの実際の活用については、後の章で再び詳しく紹介します。

◆ 公開データセットの活用

機械学習によるデータ解析プログラムを開発する場合、まずネックとなるのは学習させるデータをどう用意するか、という点になります。

学術的な目的でアルゴリズムを開発する場合、誰でもアルゴリズムを検証できるように、公に公開されているデータセットを使用してアルゴリズムの開発を行う場合が一般的です。

そうしたデータセットは、たとえばカリフォルニア大学アーバイン校が公開している「UCI Machine Learning Repository」[5]など、オンラインで利用できるようになっています。

Kaggleでもさまざまな種類のデータセットが公開されており、それらのデータセットを使用して解析用のプログラム開発を行うことができます。

[2]：執筆時点でのスペック
[3]：執筆時点でのスペック
[4]：https://www.kaggle.com/general/108481
[5]：https://archive.ics.uci.edu/ml/index.php

Kaggle上で公開されているデータセットには、「UCI Machine Learning Repository」のような一般公開されているデータセットを転載しているものと、Kaggerであるユーザーが独自に作成し、Kaggle上で公開しているものとがあります。

Kaggle上では広範なジャンルのデータセットが構築されており、大抵の公開されているデータセットについては、Kaggle上で探せば見つかるようになっています。

つまり、ノートブックを使う目的が、独自の解析アルゴリズムの開発にある場合、独自にデータを用意しなくても、公開されているデータセットをそのまま使用して解析用のプログラムを作成することができます。

●Kaggle上のデータセット

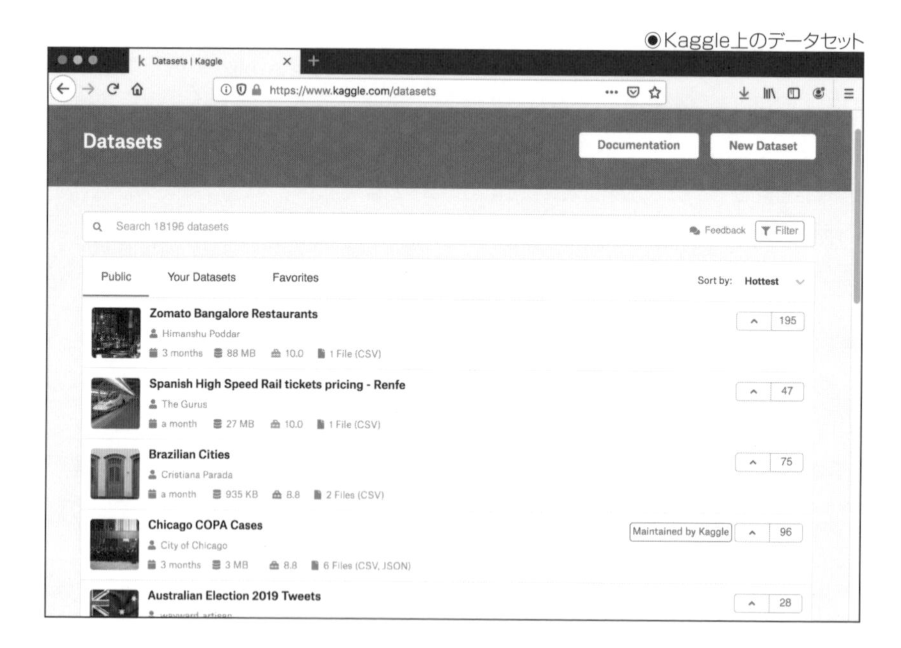

◆プライベートデータセットの活用

さて、データ解析を行う開発環境が用意されているといっても、実際に解析したいデータをその環境上で利用できなければ意味がありません。

アルゴリズム開発が目的で、公開されているデータセットのデータのみを利用すればよい場合には特に問題にはなりませんが、企業が自社内のデータを解析するような場合には、独自のデータで一般には公開したくないデータセットを扱う場合もあるでしょう。

その場合には、データ自体はKaggle上にアップロードし、公開しないままプライベートデータセットとして利用することで、独自データを外部には秘密にしたままノートブックで解析することができます。

当然、ノートブック自体についても非公開を選ぶことができるので、データと解析アルゴリズムの両方について、Kaggleのインフラを使用して解析していながらも、自分だけが知ることができるプライベートなものとすることができます。

ただし、一度、データセットやノートブックを公開に設定してしまうと、Kaggleの規則上、自動的にApache2.0ライセンスが適用されてしまうので、注意が必要です。

◆Kaggle上で開発するメリット

機械学習プログラムの開発にKaggle上のインフラを使用するメリットには、無料で利用できるというだけではなく、セットアップが不要でメンテナンスの必要がない、という点もあります。

つまり、機械学習プログラムで使用するライブラリやパッケージには、さまざまな種類のものが必要となってきますが、それらをすべて最新のものに維持し、整合性を保った状態でサーバー上の環境を構築するには、思った以上の手間と時間がかかります。

さらに、データ解析の必要が生じるたびにクラウド上の仮想マシンに機械学習用の環境を一からセットアップしようとすると、そのセットアップ作業だけでそれなりの工数が必要となってしまいます。

しかし、Kaggle上の開発環境には、機械学習によるデータ解析で使用するであろうライブラリはおよそすべて用意されており、常に最新バージョンのライブラリが使用できるようメンテナンスされているので、そうした工数は不要とすることができます。

企業研修などに利用する

このように、極めて簡便に利用できるKaggle上のインフラですが、その特性をよく発揮できるのは、本格的なデータ解析作業よりも、むしろ、小さな実験的プログラムの実行であったり、短期間のみ利用あるいは一度作って使い捨てにする、学習が目的であるプログラムの作成でしょう。

実際、筆者も企業内での社員研修として、AI作成のハンズオンを依頼された際に、Kaggleのインフラを使用してニューラルネットワークを使用した機械学習プログラミングを行いました。

そのときの例でいえば、ハンズオンの流れとして、次のメニューをこなし、全員が120分の時間内にニューラルネットワークの基本的な動作を学ぶことができました。

1. Kaggleにユーザー登録してもらう
2. 筆者が作成したノートブックをコピーして新しく自分のノートブックを作成してもらう
3. ノートブック内に定義されているニューラルネットワークモデルを変更してもらう
4. ノートブックの実行結果がニューラルネットワークのモデルによって変化することを確認する

これと同等のハンズオンを、Kaggleを使用しない通常の流れで行おうとすれば、次のようなステップが必要となったはずです。

1. 事前に会場を押さえ、参加者用のPCを持ち込む
2. 事前に参加者用のPCに機械学習プログラミング環境を構築する
3. 参加者に機械学習プログラムのひな形を配布する
4. プログラム中のニューラルネットワークのモデル定義を変更してもらう
5. ニューラルネットワークの実行結果の評価を行うプログラムコードを作成してもらう
6. 実行結果により評価値が変化することを確認してもらう

事前のインフラの準備と、コンペティションの順位を評価値の代わりとしたため、評価を行うプログラムコード作成のステップを省略することができました。

ハンズオンを実行する側としては、次の点が大きなメリットとなり、準備段階での作業を大幅に減らすことができました。

- それぞれの参加者にPCを用意する必要がない(ノートPC持ち込み)
- 機械学習プログラミング環境のセットアップ作業が不要

特に、参加者一人ひとりに対してPCを用意し、そのPCにそれぞれ環境構築をする方法と比べると、インターネット回線さえ用意すればすぐにでもハンズオンを実行できるため、会場となる部屋の用意が圧倒的に楽になった点が、コスト的にも非常に優れていました。

専門知識を持つスペシャリストへ質問をする

これまでに解説してきたように、Kaggleのコアとなる要素はデータ解析コンペティションです。

しかし、コンペティションの本質が競争であるにもかかわらず、Kaggle上でのKaggler同士の交流は非常に盛んで、競争の場にありがちな殺伐とした様子はありません。

むしろ、知らないことやわからないことがあれば、ディスカッションの掲示板上で気軽に尋ねることができて、世界中のデータサイエンティストたちが質問に答えてくれる、という親切心にあふれたコミュニティです。

もちろん、あまりにも場違いな質問などは避けるべきですが、データ解析作業で生じた疑問点を質問して、答えや解決策のヒントをもらうための場としても、Kaggleを利用することができます。

◆ 実際のコミュニケーションの様子

オープンなコミュニティとはいえ、英語での会話になるので、なかなか掲示板上でのディスカッションに参加することをためらってしまう方もいらっしゃるかと思います。

そこで、筆者が実際にコンペティションの掲示板で体験したやり取りを紹介することで、実際のKaggle上でのやり取りが、どのような雰囲気で行われているのかを知ってもらいたいと思います。

このとき、筆者が参加していたのは、「Nomad2018 Predicting Transparent Conductors」[6]というコンペティションで、通常のデータ解析コンペティションとは異なるジャンルのコンペティションでした。

ジャンルが異なるというのは、このコンペティションは単なるデータ解析のコンペティションではなく、物理学の問題を解くジャンルのコンペティションでした。

[6]：https://www.kaggle.com/c/nomad2018-predict-transparent-conductors

データを解析して正解となる値を予測するという点では通常と同じなのですが、そのデータが、金属酸化物の組成からなる結晶構造のデータで、xyzファイルというあまりデータ解析の仕事では見慣れないものでした。そしてコンペティションの目的は、半導体としてのバンドギャップの大きさを予測せよ、という、組成物理学の問題に関するものでした。

したがってこのコンペティションでは、組成物理学、特に結晶構造についての専門知識が必要で、その知識がないと、与えられたデータそれ自体は単なる数字なのですが、その意味を正しく扱うことができないのです。

筆者は、組成物理学については素人なので、本来このコンペティションへ参加するだけの知識はなかったのですが、それでもモノは試しということで、直接的に原子の位置から結晶内の電位を計算するプログラムを作成しようと思いたち、コンペティションの掲示板でその手法について尋ねることにしました。

下記がそのときのディスカッションの流れです。

まず筆者が、結晶内の電位を原子からの距離の逆二乗をとることで求められないかと、サンプルコードとともに掲示板にスレッドを立ち上げました。

●「Nomad2018 Predicting Transparent Conductors」での投稿

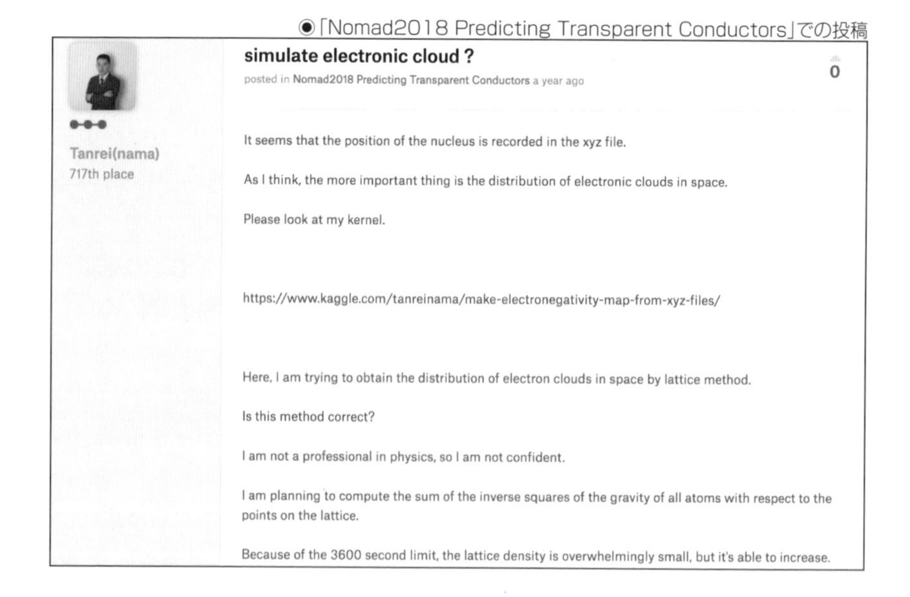

【訳】
xyzファイルには原子の位置があるようです。
しかし重要なのは電子雲の分布だと思います。

（ソースコードへのリンク）

私は格子法で電子雲の分布を求めました。
この方法は正しいですか？　私は物理学の専門家ではないので、自信がありません。全原子の重力の逆二乗和を計算しています。

するとそこに、組成物理学の研究で使用するツールと、それを使用してファンデルワールス表面を計算することができて、自分でそのための計算プログラムを書かなくてもよい、という回答が付きました。

●スレッドへの回答

Jeff van Santen・(228th in this Competition)・a year ago・Options・Reply

It is possible to calculate a van der Waal surface from the xyz files using various molecular simulation tools. I would look at Avogadro or something similar. Combining a simple molecular representation with the provided crystal parameters could provide some predictive power.

【訳】
さまざまな分子シミュレーションツールを使用して、xyzファイルからファンデルワールス曲面を計算することができます。
アボガドロというツールや、類似のものがあります。
単純な分子表現を提供された結晶パラメータと組み合わせることは、ある程度の予測力を提供する可能性があります。

そうして私にとっては門外漢のコンペティションであるものの、掲示板でのディスカッションに参加することで組成物理学の学習に必要となるツールを紹介してもらい、さらに、コンペティションで与えられているデータファイルをツールで読み込んで解析する手法を教えてもらうことができました。

◆ 昔ながらのオープンなコミュニティ

このように、たとえ自分に必要となる専門知識やスキルセットがなかったとしても、興味のあるコンペティションに参加して、ディスカッションだけであっても参加することには大きな意義があります。

確かに専門外の分野であったり、知識が不足している分野についての質問では、時としてまったく見当違いなことを質問して恥をかいてしまうこともあるかもしれません。しかし、そのような質問をすることを恥と思う文化は、思うに日本に特有のもので、Kaggerの大多数である海外の方にとってはそれほど気にするようなことではないのではないでしょうか。

また、Kaggle上でのディスカッションについても、共通の興味と技術的知識を元に繋がっている仲間同士という認識があるので、基本的には非常にフレンドリーなものです。

その雰囲気はさながら、昔からあるオープンソースコミュニティにおける技術的な会話のようであり、初心者であっても非常に入り込みやすいものになっていると筆者には思われます。

◆一般的な話題を扱うフォーラム

このように、オープンなコミュニティとコンペティションがKaggleの特徴です。

Kaggleでは、コンペティションに属するディスカッションのページの他に、一般的な話題を扱うフォーラムあり、その2つが主なコミュニケーションの場になっています。

下記に、コンペティションとは別の、データサイエンティストのポータルとして一般的な話題を扱うフォーラムの一覧を掲載します。

実際はこれらのフォーラムの中に、さらに特定の話題に関するスレッドが立ち上げられて、その中で実際の質疑応答やディスカッションが行われることになります。

◉一般的な話題を扱うフォーラム

フォーラム	投稿される話題	URL
Kaggle Forum	Kaggleに関する一般的な話題	https://www.kaggle.com/general
Getting Started	Kaggle初心者向けの話題	https://www.kaggle.com/getting-started
Product Feedback	Kaggleの機能やバグなどについて	https://www.kaggle.com/product-feedback
Questions & Answers	一般的な質問と回答	https://www.kaggle.com/questions-and-answers
Datasets	データセットについての話題	https://www.kaggle.com/data
Learn	機械学習の教育・学習についての話題	https://www.kaggle.com/learn-forum

●Kaggleのフォーラム

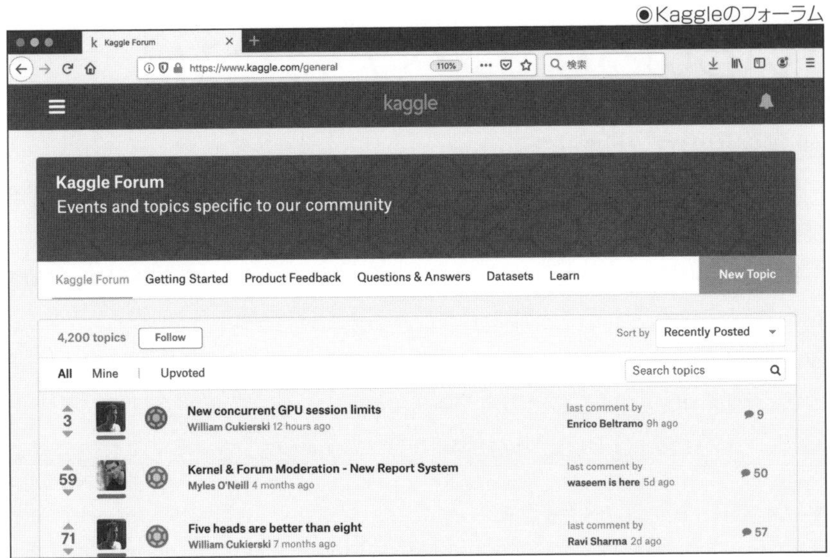

SECTION-03

いろいろなコンペティション

勉強用のサンドボックス

現在のKaggleでは、一年中、常に何らかの賞金付きコンペティションが開催されています。

これはつまり、Kaggle上でコンペティションを主催し、賞金を出す企業が相当数存在する、ということなのですが、Kaggleで開催されているコンペティションは、そのようなスポンサー付きのコンペティションだけではありません。

ここでは、Kaggleではどのようなコンペティションが開催されているかを知ってもらうために、いろいろな種類のコンペティションを紹介していきます。

◆初心者向けのコンペティション

まず、Kaggleが機械学習の研究用に用意されているデータを使用して、サンドボックスとして開催されているコンペティションがあります。

そうしたコンペティションは、Kaggleのコンペティションページからカテゴリーを「Getting started」または「Playground」を選択すると登場します。

「Getting started」を選択して登場するのは、いわば初心者のための、練習用のコンペティションです。

●初心者向けのコンペティション

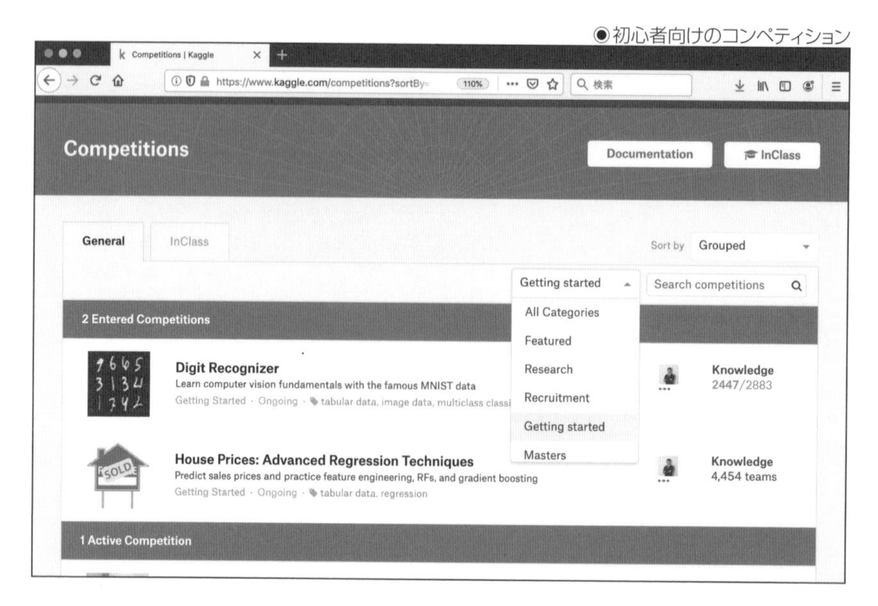

現在では、機械学習の評価やテストによく使われるデータを使用した、3つのコンペティションが常設されています。

それらは、「Digit Recognizer」[7]、「House Prices: Advanced Regression Techniques」[8]、「Titanic: Machine Learning from Disaster」[9]の3つで、機械学習を学ぶ際に必ずといっていいほど登場する一般的なデータを利用しています。

それぞれ、手書き文字の認識を行う画像認識、不動産価格の予想を行う回帰分析、タイタニック号の生存者を判断するクラス分類、という分野の問題になっています。

これらのデータは、一般的な機械学習アルゴリズムの評価などにも使われるので、新しく考え付いたアルゴリズムについて試してみたり、あるいは一般的な手法をきちんと理解できているかを研修などで確認したりするために、コンペティションを利用することができます。

また、常設コンペティションというのは、コンペティションの締め切りが存在せず、ずっと開催され続けるということです。そのため、これらのコンペティションには、最終的な入賞者を決めるというプロセスがありません。

これらのコンペティションの目的は、あくまで初心者がKaggleの使い方を学んだり、機械学習プログラミングの基本を学ぶことにあるので、最終的に入賞者を決める必要はないのです。また、使用しているデータも、すでに公開されているデータなので、必要ならば公開されているデータから「正解」を検索して、100%完全な結果を提出することもできるわけなので、コンペティション内で順位を競い合うことに意味はありません。

コンペティションの参加者は、リーダーボード上のスコアを見て、自分が参加しているユーザーの中でどのくらいの位置にいるかを見ることで、機械学習の勉強に役立てることができます。ちなみに、これらのコンペティションのリーダーボードは、ある程度の期間が過ぎるとリセットされているようです。

[7]:https://www.kaggle.com/c/digit-recognizer
[8]:https://www.kaggle.com/c/house-prices-advanced-regression-techniques
[9]:https://www.kaggle.com/c/titanic

◆機械学習エンジニアの遊び場

他にも、カテゴリーに「Playground」を選択すると登場するコンペティションがあります。

「Playground」というのは遊び場という意味で、ここでは機械学習エンジニアやデータサイエンティストにとって、興味深いと思われるテーマについてのコンペティションが行われます。

しかし、「Playground」とはいっても、問題が簡単であるというわけではなく、主に最新の学術的課題に関する問題が出題されます。また、中にはスポンサーが付いて賞金が出るコンペティションもあります。

たとえば、「Kuzushiji Recognition」[10]というコンペティションでは、日本の古文書に登場する崩し字を認識するOCRプログラムの開発が求められています。

そして、特定の企業の製品開発やサービスに結び付いているわけではないにもかかわらず、合計1万5000ドルの賞金が設定されていました。

●崩し字のOCRコンペティション

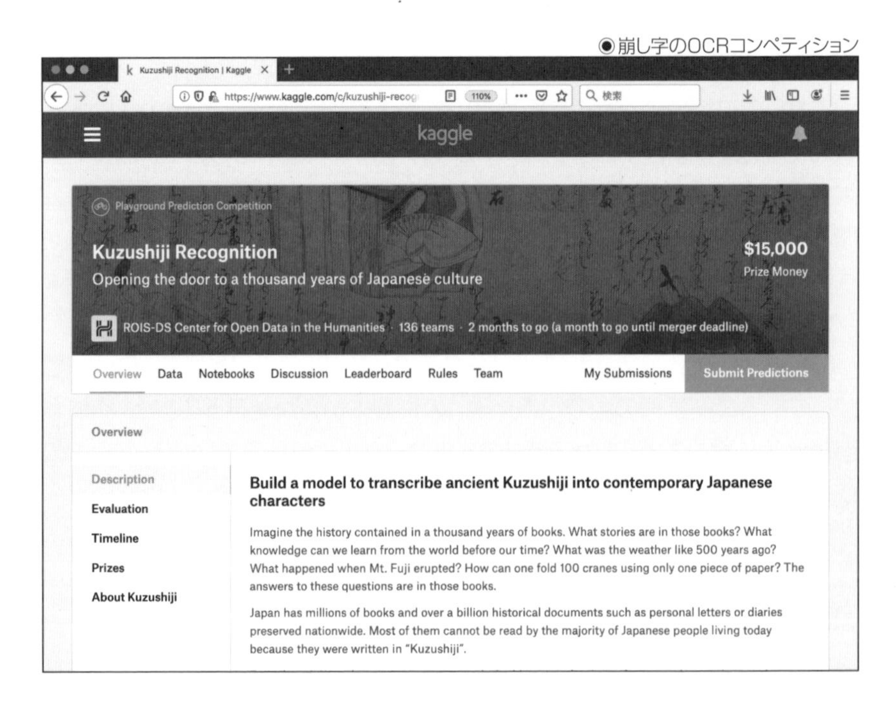

[10]：https://www.kaggle.com/c/kuzushiji-recognition

実は、この崩し字のORCというのは、国内の学会などで以前から研究されていたテーマでもあります。

たとえば、同様のAIを、立命館大文学部の赤間亮教授らと凸版印刷が開発したというリリースが2019年5月13日にあり、コンペティションがスタートしたのは2019年10月7日ですから、利用されているデータなどで何らかの協力があったとしてもおかしくはありません。

ちなみにコンペティションの開催者は、Center for Open Data in the Humanities(CODH)、国立日本文学研究所(NIJL)、国立情報学研究所(NII)となっており、学術の分野からやってきた問題をコンペティションしているということがわかります。

季節の定例となっているコンペティション

その他にも、Kaggleでは、定期的に特別なコンペティションを開催しており、それらのうちのいくつかは毎年の恒例行事として、参加者にとってのイベントとなっています。

通常のコンペティションは、毎回異なるテーマを設定して行われますが、そうした恒例となっているコンペティションでは、ある程度、共通したテーマが設定されるので、1つの問題を深く突き詰めて研究したいという参加者にとっては、単発のコンペティションよりも相性が良いでしょう。

◆「Traveling Santa」コンペティション

Kaggle上で、毎年の恒例となっているコンペティションといえば、まずは「Traveling Santa」として年末に開催されるコンペティションが挙げられます。

2018年は「Traveling Santa 2018 - Prime Paths」[11]として開催されたこのコンペティションは、Kaggleのその他のコンペティションとはやや異なり、機械学習モデルによる解析を想定しておらず、専ら数学的な計算アルゴリズムによる解を想定しています。

[11]:https://www.kaggle.com/c/traveling-santa-2018-prime-paths

●Traveling Santaコンペティション

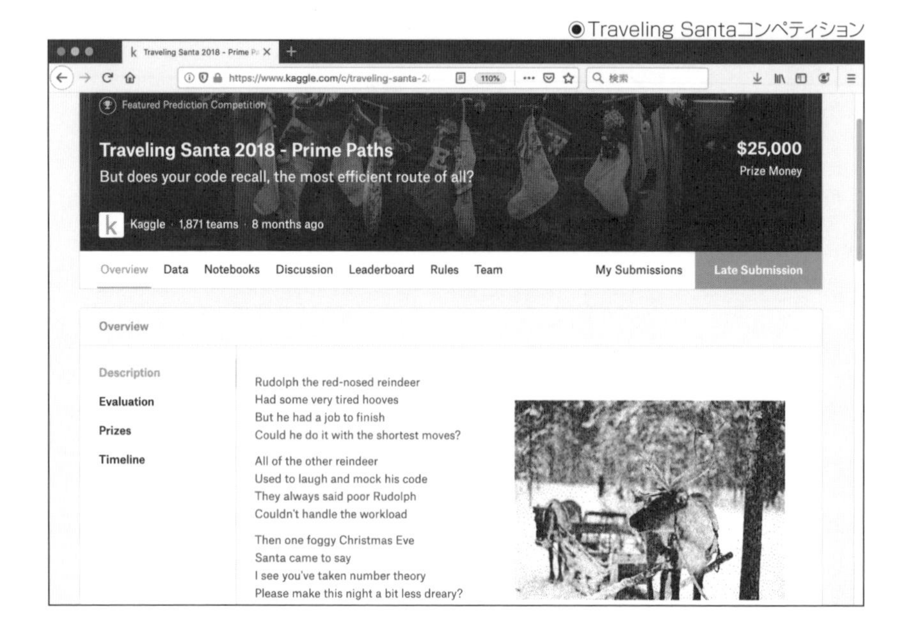

このコンペティションでは、最短経路問題、いわゆる巡回サラリーマン問題と呼ばれる、数学上の問題が出題されます。

巡回サラリーマン問題それ自体には数学的な解法が存在していますが、コンペティションの問題では、特定の経路に条件が設定されており、単純には解を求めることができないように工夫されています。

それでも、そうした条件を数式に組み込めば、確実に正解となる結果を求めることができる、というのがこのコンペティションの特徴です。

通常の、機械学習モデルを使用したコンペティションでは、データの解析結果は統計的に扱われ、100%が正解する、ということはまずないのですが、この「Traveling Santa」に限っては、100%正解となる結果が提出されることも、割とよくあります(100%正解となる結果が複数提出された場合、早く提出した参加者が上位)。

●作成された巡回経路

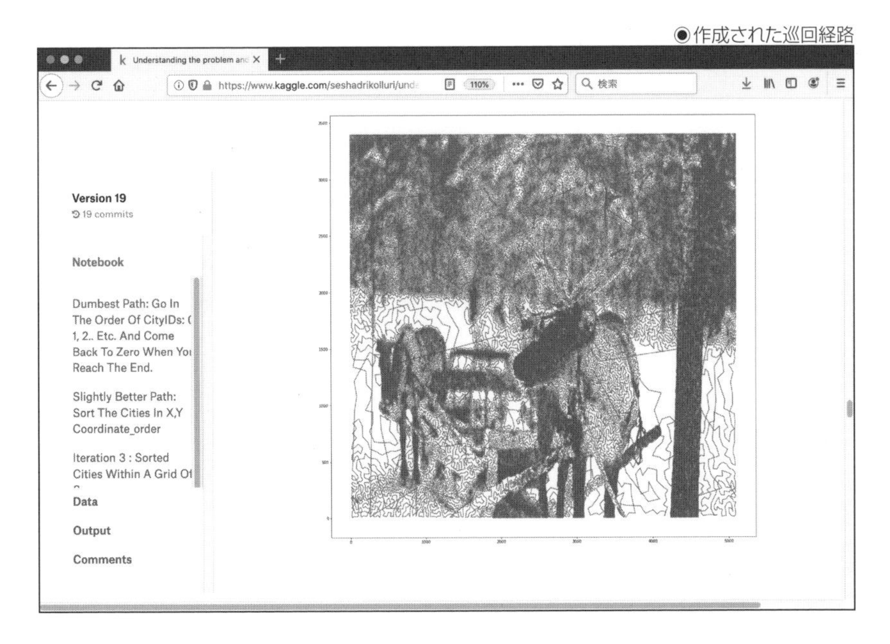

コンペティションでは毎年、トナカイの画像から、ドットの位置を都市の座標に見立てて、すべての都市にプレゼントを配るには、サンタクロースはどのように巡回するべきか、という問題が提出されます。巡回経路を繋げて、トナカイの画像を表示するのが、年末の恒例行事となっている参加者もいることでしょう。

◆「NCAA」コンペティション

もう1つ、季節の定例コンペティションとして、「NCAA ML Competition」というコンペティションを紹介しておきます。

NCAAとは全米大学体育協会の略称で、アメリカの大学でのスポーツクラブ活動を取りまとめる協会で、大学スポーツのリーグ戦なども協会が主催して開催されています。

「NCAA ML Competition」コンペティションは、その年の学生スポーツ大会の結果を、大会が開催される前に予測するものです。

コンペティションは男女で予測を分けて開催され、2019年は「Google Cloud & NCAA® ML Competition 2019-Men's」[12]、「Google Cloud & NCAA® ML Competition 2019-Women's」[13]の2つが開催されました。

[12]：https://www.kaggle.com/c/mens-machine-learning-competition-2019
[13]：https://www.kaggle.com/c/womens-machine-learning-competition-2019

●NCAA ML Competitionコンペティション

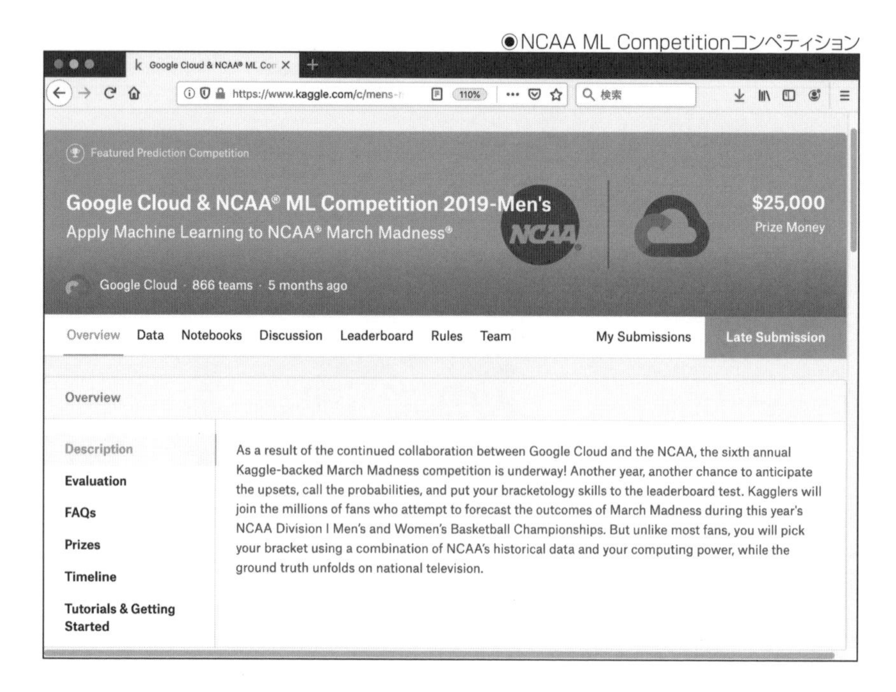

当然、コンペティションの締め切り時点では、スポーツ大会はまだ開催されていませんから、コンペティションの順位も決定しません。

コンペティションの順位は、スポーツ大会が進んでいくにつれ、少しずつ提出されたデータが評価されていき、大会が終了した後に最終順位が確定します。

そのため、このコンペティションではコンペティションの締め切りから最終的な順位が決定するまでに長い時間がかかることが特徴で、コンペティションの参加者は、学生スポーツ大会の中継を見ながら、自分の提出した予測がどの程度、当たっているかを確認していくことになるわけです。

◆これから定例になりそうなコンペティション

Kaggle上で定期開催されてきた歴史、という点で見ると、上記の2つが最も代表的なコンペティションとなります。

しかし、近年、Kaggleが発展していくに従って、そのような定例のコンペティションは増えていきそうな状況にあります。

たとえば、コンピュータービジョンのジャンルでは長らく「ImageNet」[14]が研究用の画像データを提供してきて、画像認識モデルのコンペティションなども開催してきました(現在でもImageNetは、Kaggle上で「ImageNet Object Localization Challenge」[15]という研究用のコンペティションを主催しています)。

現在ではGoogleが用意する「Open Images」[16]データセットが登場しており、そのデータを使用したコンペティションも開催されています。

Open Imagesは、コンピュータービジョンにおける問題の種類に応じて複数のコンペティションを同時に開催します。

2018年には「Google AI Open Images - Visual Relationship Track」[17]と「Google AI Open Images - Object Detection Track」[18]の2つのコンペティションが開催されました。

そして、2019年には「Open Images 2019 - Object Detection」[19]、「Open Images 2019 - Visual Relationship」[20]、「Open Images 2019 - Instance Segmentation」[21]の3つのコンペティションが開催されました。

[14]:https://www.image-net.org/
[15]:https://www.kaggle.com/c/imagenet-object-localization-challenge
[16]:https://storage.googleapis.com/openimages/web/factsfigures.html
[17]:https://www.kaggle.com/c/google-ai-open-images-visual-relationship-track
[18]:https://www.kaggle.com/c/google-ai-open-images-object-detection-track
[19]:https://www.kaggle.com/c/open-images-2019-object-detection
[20]:https://www.kaggle.com/c/open-images-2019-visual-relationship
[21]:https://www.kaggle.com/c/open-images-2019-instance-segmentation

◉Google AI Open Imagesコンペティション

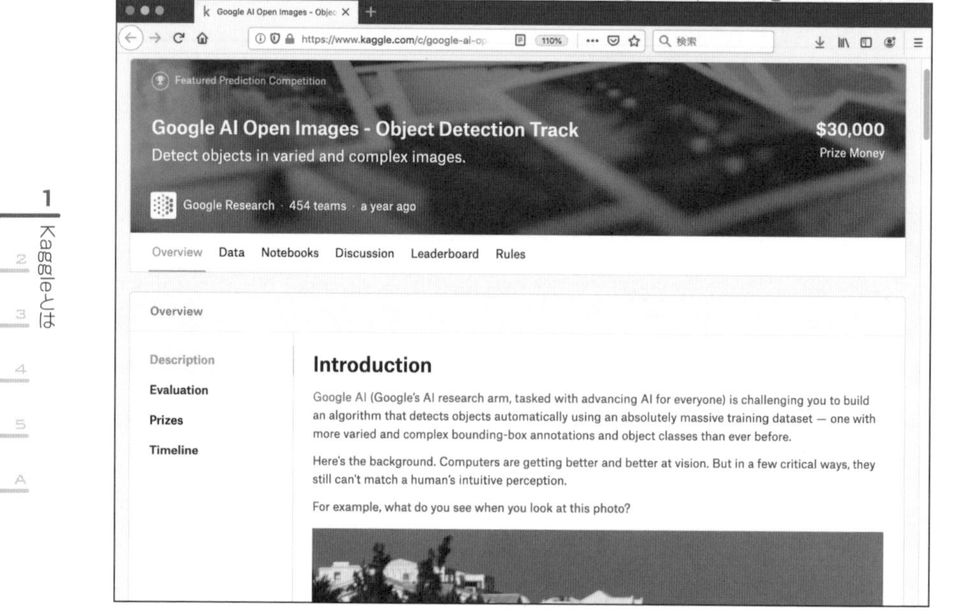

今後、おそらくこのコンペティションは毎年定例的に開催されているコンペティションとなることでしょう。

その他にも、Youtubeの動画を扱うコンペティションも、「The 3rd YouTube-8M Video Understanding Challenge」[22]で3回目の開催となり、今後定期的に開催されるであろうコンペティションです。

特殊なデータを扱うコンペティション

Kaggleの基本は、データサイエンティストのためのポータルですが、時には必ずしもデータサイエンスや機械学習のジャンルに留まらない、特別なコンペティションが開催されます。

そうした問題は、たとえば先ほどの「Traveling Santa」のように、数学の問題を解くためのコンペティションであったり、その他の学術分野の課題を扱うものであったりします。

[22]：https://www.kaggle.com/c/youtube8m-2019

◆暗号文の解読コンペティション

これもすでに3回目の開催で、定例化しつつあるコンペティションですが、暗号文の解読を行う「Ciphertext Challenge」というコンペティションがあります。

暗号文の解読といっても、高度な(そしてほぼ解読不能な)公開鍵暗号のような実用暗号ではなく、ある程度、古典的な暗号に、現代で知られているいくつかの手法を組み込んだ、コンペティション用に作成された暗号を扱います。

2019年は「Ciphertext Challenge III」[23]が開催されましたが、このコンペティションは、通常のデータ解析の問題とは異なるデータを扱うもので、Kaggleのコンペティションがいかに広いジャンルで開催されうるかを示す例でもあります。

●Ciphertext Challengeコンペティション

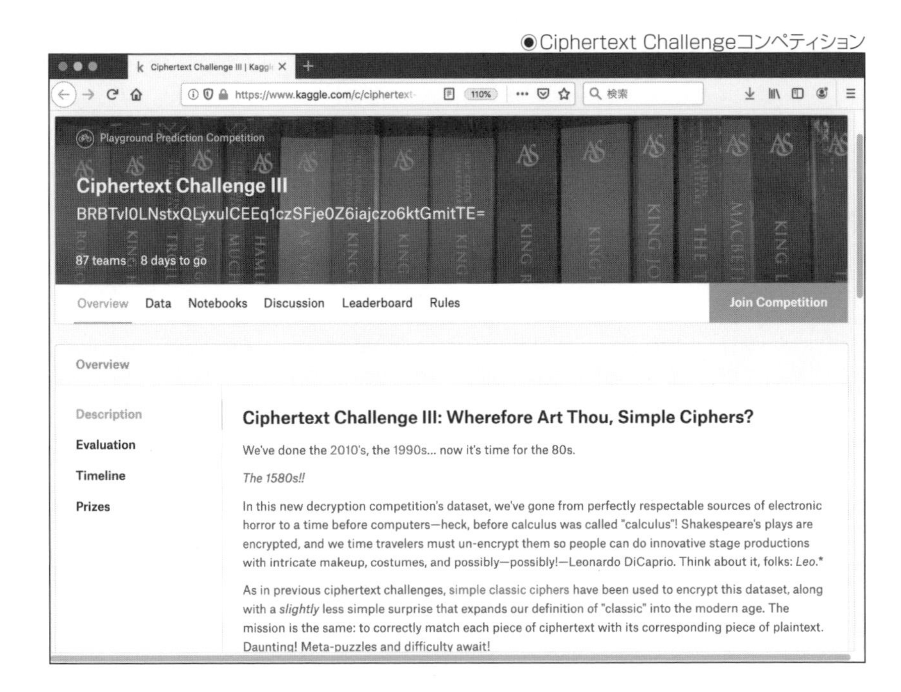

[23]:https://www.kaggle.com/c/ciphertext-challenge-iii

◆物理学のデータを使うコンペティション

データサイエンティストとしての仕事では、やはりまだまだIT系の業界に関するデータを扱うことが多いですが、まったく異なるジャンルのデータに触れることができる、というのもKaggleの魅力です。

たとえば、先ほども紹介した「Nomad2018 Predicting Transparent Conductors」[24]は、金属酸化物の組成からなる結晶構造のデータから、半導体としてのバンドギャップの大きさを予測するコンペティションでした。

こうした物理学の問題を扱うコンペティションは、季節の定例という程ではないものの、ある程度、定期的に開催されているようで、翌年の2019年には「Predicting Molecular Properties」[25]というコンペティションも開催されました。

●Predicting Molecular Propertiesコンペティション

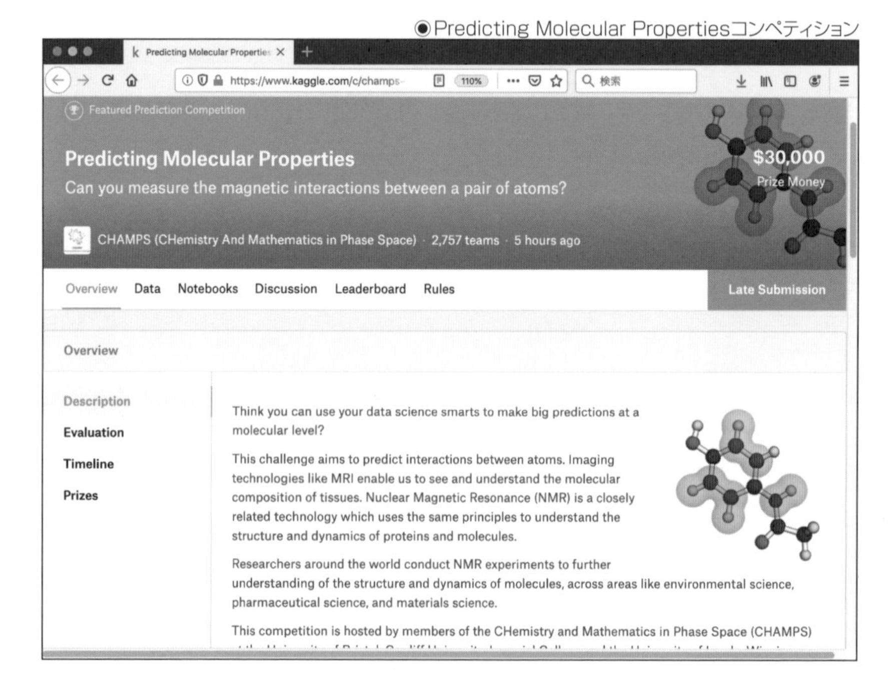

このコンペティションは、スカラー結合定数として知られる、分子内の2つの原子間の磁気相互作用を予測します。

この予測は、機械学習モデルのトレーニングだけではなく、予測アルゴリズムの開発も必要となる、物理学の問題に近い問題です。

[24]:https://www.kaggle.com/c/nomad2018-predict-transparent-conductors
[25]:https://www.kaggle.com/c/champs-scalar-coupling

そして、コンペティションで発表した成果は、ブリストル大学等からなる研究チームと合同で、学術出版物に発表するという機会も与えられます。そうした意味で、社会に出て就職した研究者が、学問の世界と繋がる入り口ともなっているでしょう。

このコンペティションで扱う問題のユニークなところは、本来、機械学習モデルのような手法をとらずとも、量子力学のレベルで解析的に方程式を解けば、必ず「正解」となる値を求めることができる問題である、という点です。

その意味では、先ほどの「Traveling Santa」が、確実な正解が存在する数学の問題を扱っていたのと同じでしょう。ただし、量子力学のレベルで解析的に方程式を解くためには膨大な計算資源が必要なので、それを機械学習モデルを使うことで近似する、ということがこのコンペティションの目的となります。

こうした、学問分野を跨ぐように設定される問題は、データサイエンスや機械学習エンジニアリングの応用分野を新たに開拓したり、思いもかけない分野へ機械学習モデルを適用するきっかけになったりもするので、なかなか興味深いものがあります。

特殊なルールに基づくコンペティション

ところで、Kaggleのコンペティションは、基本的には提出した解析結果を、プログラムが自動的にスコア付けを行い、そのスコアの数値に基づいて競争が行われます。

しかし、中にはそのようなコンペティションとは一線を画す、特殊なルールで開催されるコンペティションも存在します。

というのも、学習させるデータや扱う問題の性質により、機械的なスコアリングが不可能であり、人間が直接目で確認して勝者を決める必要がある場合も存在するためです。

Kaggleは、そのような機械的なスコアリングに不向きな問題を排除するのではなく、コンペティションごとに例外的なルールを設けることで、通常のコンペティション形式に落とし込んでいます。

◆プレゼンテーションで競うコンペティション

たとえば、アメリカのナショナルフットボールリーグ(NFL)が主催した、「NFL Punt Analytics Competition」[26]というコンペティションを見てみます。

●NFL Punt Analytics Competition

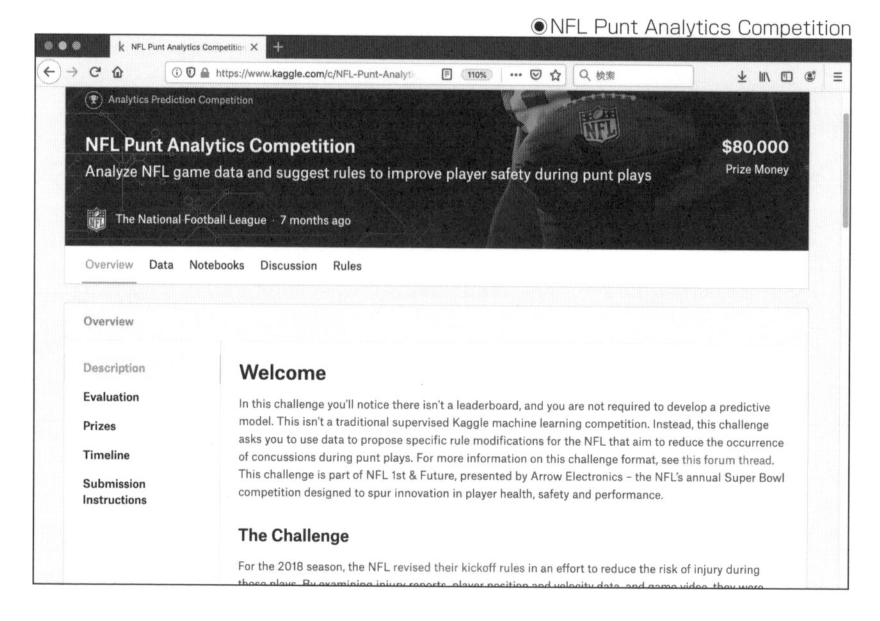

NFLで行われているアメリカン・フットボールは、選手が防具を着用した上で他の選手にタックルすることが特徴の、非常に激しいスポーツです。

そのため、頻繁に脳震盪を起こす選手が出るのですが、それを減らすためのルール改善の提案、がこのコンペティションの目的になります。

面白いのが、脳震盪を起こしやすいプレーを見つける、などのデータ解析の結果ではなく、その結果に基づいた、アメリカン・フットボールのルール改善の提案、がコンペティションの提出物となることです。

そのような提案に、正解となるデータは存在しないので、このコンペティションには提出物のスコアに基づくランキングであるリーダーボードも存在しません。

代わりに、参加者は、どのようなルール改善を行えば、実際に脳震盪の発生を抑制できるか、というプレゼンテーションを作成することになります。

---

[26]:https://www.kaggle.com/c/NFL-Punt-Analytics-Competition/discussion/73664

当然、そのプレゼンテーション中には、データとして与えられたプレー情報に基づく、説得力のある蓋然性の高い提案が含まれていなければなりません。

◉データに基づくプレゼンテーション

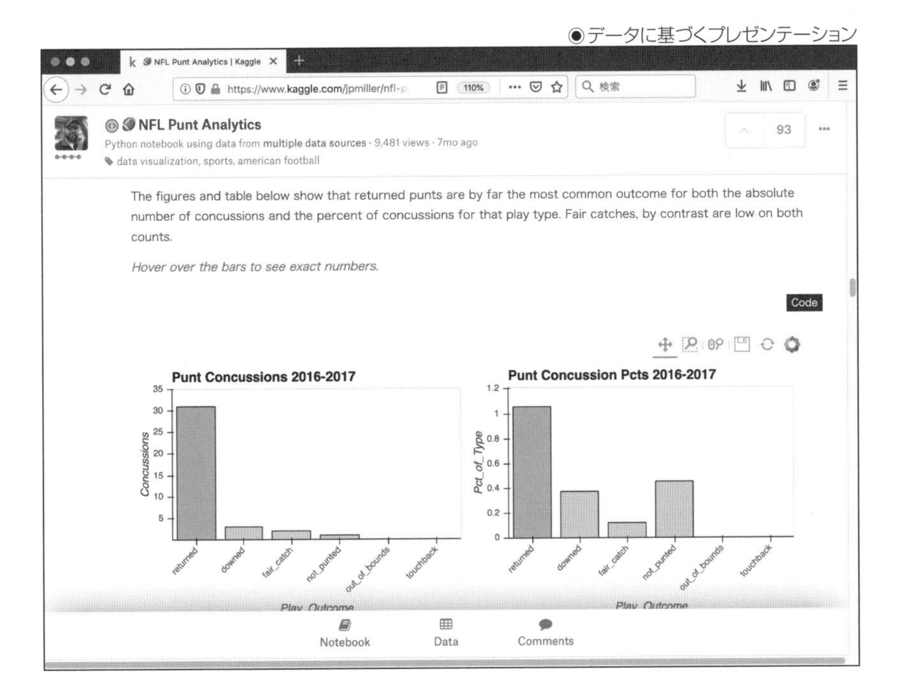

そして、コンペティションの入賞者を決めるのは、すべて人間がそのプレゼンテーションを見て判断するわけです。

実は、このような、最終的な結果を提案資料としてプレゼンテーションとして、審査員の判断によって入賞者を決めるというのは、Kaggle以外のデータ解析コンペティションでは、比較的一般的な手法であります。

しかし、参加者の数が桁違いに多いKaggleでこのようなコンペティションが開催できたのは、それだけKaggleが注目されているからに他なりません。

それにしても、IT系の企業でもないプロスポーツ団体が、データサイエンティスト向けのサイトでこのようなコンペティションを開催するあたり、アメリカという国の先進的なところを見せつけられる気がします。

◆画像生成コンペティション

もう1つ、Kaggleが自ら主催した、「Generative Dog Images」[27]というコンペティションを紹介します。

このコンペティションは、敵対的生成ネットワーク(GAN)と呼ばれるニューラルネットワークを用いて、犬の写真画像を生成する人工知能を作成する、というものです。

●Generative Dog Images

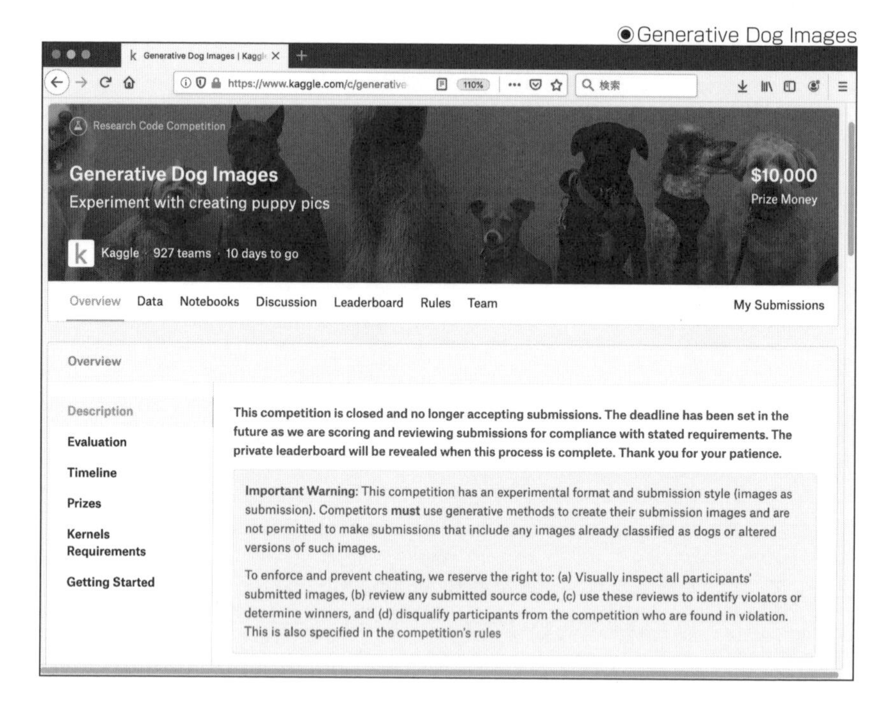

コンペティションの解説では、このコンペティションが実験的な性格を持つものであると明記されています。

そのため、提出したファイル(このコンペティションは画像ファイル)を評価する方法についても、完全には自動化されていないのがこのコンペティションの特徴です。

生成された画像の評価それ自体は、別の画像認識AIを使用して、きちんと犬と判定される画像をスコア付けする、という方法がとられています。しかし、それではきちんと画像生成AIを動かすのではなく、本物の犬の写真をそのまま提出すればよいことになってしまいます。

[27]:https://www.kaggle.com/c/generative-dog-images

そこでこのコンペティションでは、すべての参加者の提出画像を人間が視覚的に検査し、さらに、人間のプログラマーが提出されたソースコードをレビューする、という、二段構えの検証方法をとっていました。

そして、当然のことながら、ソースコードレビューにおいて違反と見なされる場合は失格となるのですが、ルールの解釈について難しい点が残り、どのソースコードがルールに則しており、どのソースコードが違反しているかがわかりにくい、という点が問題となりました。

たとえば、「Dog Memorizer GAN」[28]というノートブックでは、一見すると通常のGANのように敵対的な生成ネットワークを作成していますが、その片方が実は、教師データとなる犬の写真をそのまま固定的に学習し、出力するように作成されており、ニューラルネットワークの学習という手法を使っていても、その実は教師データをそのまま出力するようなニューラルネットワークだったのです。

●Dog Memorizer GAN

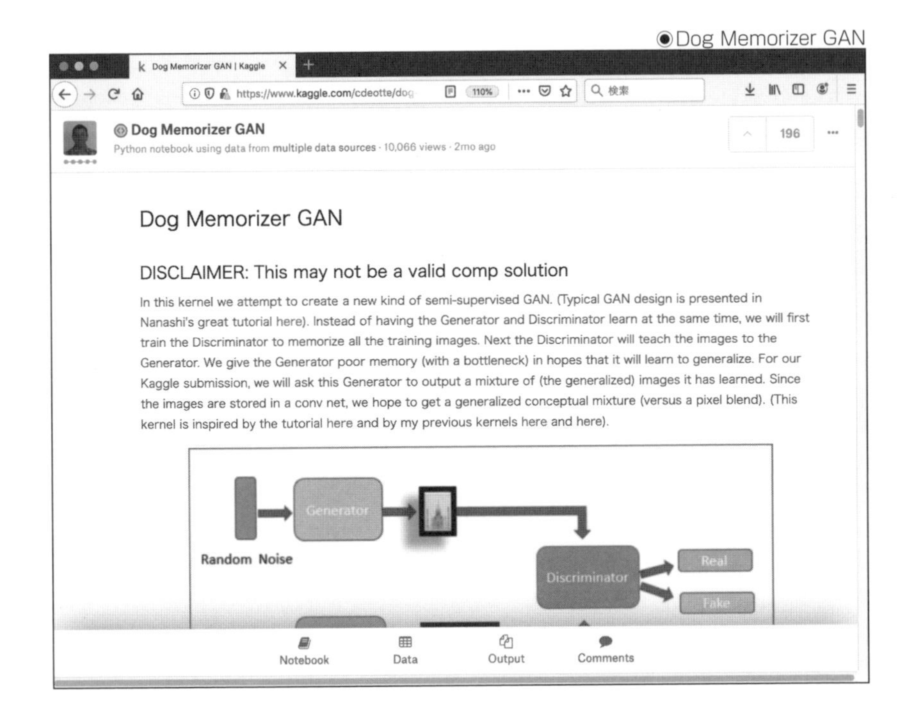

[28]:https://www.kaggle.com/cdeotte/dog-memorizer-gan

さらにいえば、ニューラルネットワーク全体がそのような固定的な出力をするものではなく、敵対的生成ネットワークの片側だけがそうなっており、もう片方はそれに合わせるように学習を行う、という、いかにもグレーな手法で、非常に良いスコアを出しています。

最終的には人間のプログラマーがソースコードのレビューを行うとはいえ、そのような手法を用いられると、よほど注意深くソースコードを読まないと、学習アルゴリズムの動作を読み損なってしまう可能性がある、判断が非常に難しいアルゴリズムです。

そのような曖昧な部分が残るルールと、実験的な性格を持つコンペティションという前提も相まって、このコンペティションではスコアを競い合うというよりも、公開ノートブックやディスカッションのスレッドを通じて、どのようなソリューションが存在しうるかの議論が、非常に活発に行われました。

その意味でいうならば、Kaggle参加者同士の交流が活発化し、さらにKaggleのコンペティションにおける新しい可能性を追求したという意味で、コンペティションの開催は有意義なものだったでしょう。

そもそもKaggleはデータサイエンティストのポータルとして作成されており、コンペティションの仕組みもデータ解析の作業を前提に作成されています。

しかし、このコンペティションにおいては、画像を生成する人工知能という、同じニューラルネットワークなどの技術を使用するにしても、データ解析の分野とは異なる分野の技術を競い合うことになりました。

これは、Kaggle自身が、データ解析だけではなく、より一般的な人工知能作成の分野に進んでいこうとしているように思えます。

CHAPTER 02

はじめてのKaggle

SECTION-04

Kaggleでの第一歩

Kaggleのアカウントを作る

前章ではKaggleの概要について紹介したので、この章では実際にKaggleにアカウントを登録し、最初のステップとして一通りの機能を使用してみるところまでを、ステップバイステップで紹介していきます。

◆Kaggleアカウントの作成

Kaggleに参加するためには、まずKaggleのサイト上でアカウントを作成する必要があります。

Kaggleのアカウントは、通常のメールアドレスで登録するか、Googleアカウントで登録する必要があります。

まずは、Kaggleのサイトにアクセスします。そして、次のような画面が表示されていれば、そこから「Register」ボタンをクリックします。

●Kaggleの初期画面

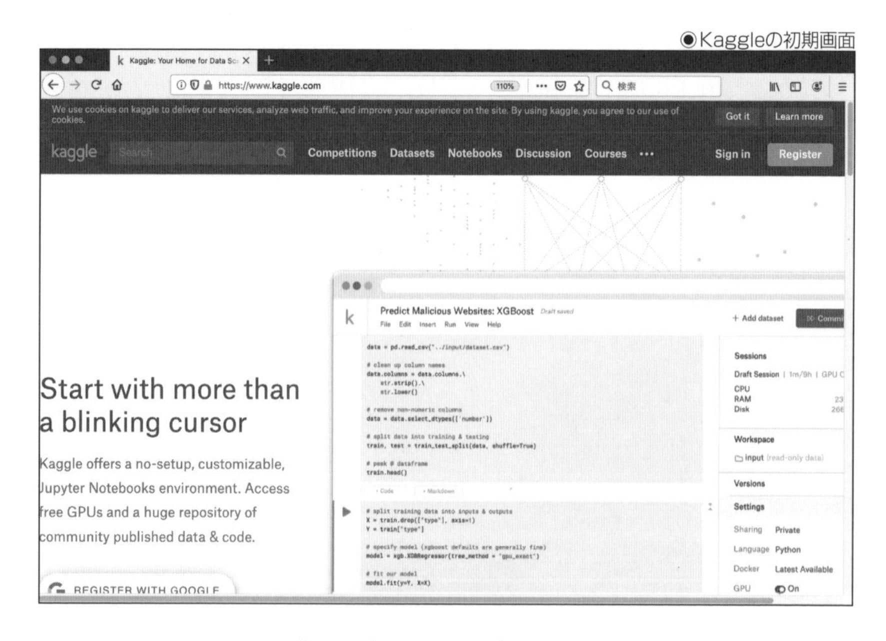

Kaggleのサイトは、ブラウザの大きさや画面解像度によってデザインが変わるインタラクティブデザインを採用しているので、環境によってサイトのデザインが変わっている可能性があります。

たとえば、画面サイズが小さいPCでアクセスすると、同じ状態でもKaggleの画面は次のようになっています。

◉小さい画面での表示

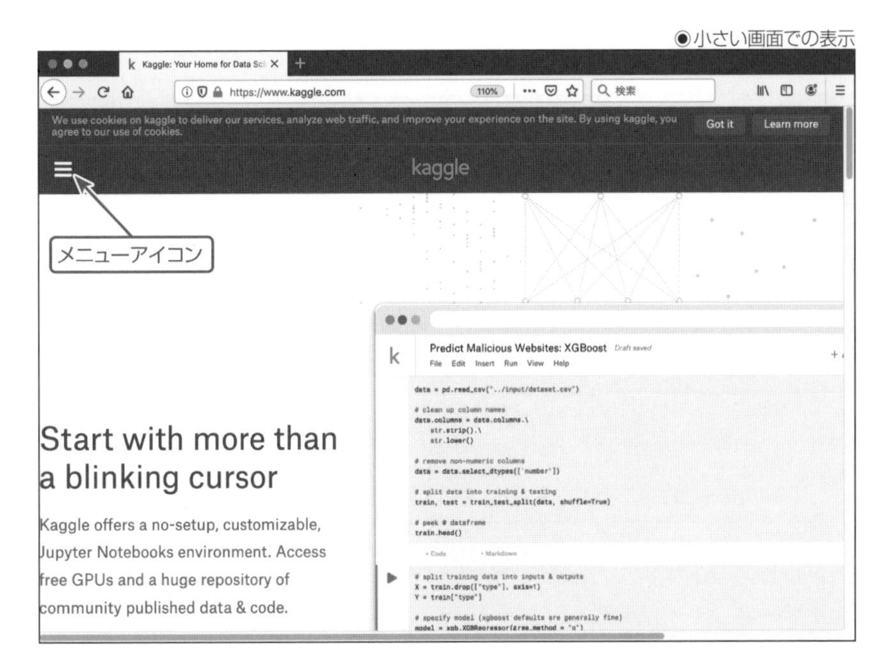

この場合、左上にあるメニューアイコンをクリックすると、先ほどの画面におけるツールバーにあった要素が表示されるので、そこから「Register」をクリックします。

◉メニューの表示

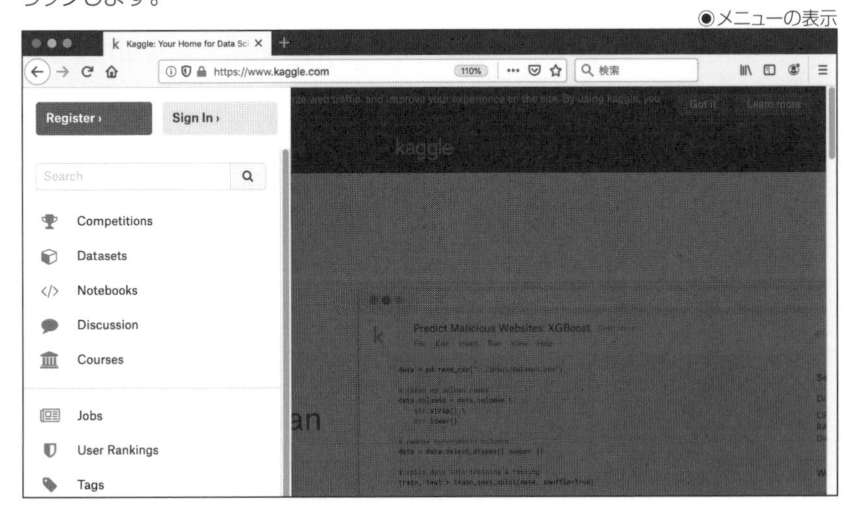

◆ メールアドレスの登録

すると次のような画面が表示されます。ここでは通常のメールアドレスでアカウントを登録するので、「Register with your email」をクリックします。

◉登録方法の選択

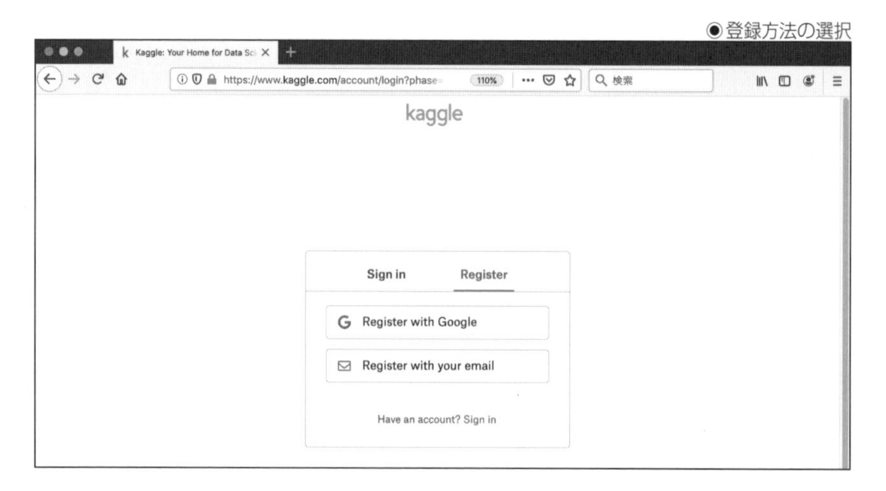

すると次のような入力画面が表示されるので、アカウント名と表示されるユーザー名、メールアドレス、初期パスワードを入力して「Get Started」をクリックします。

◉メールアドレスの入力

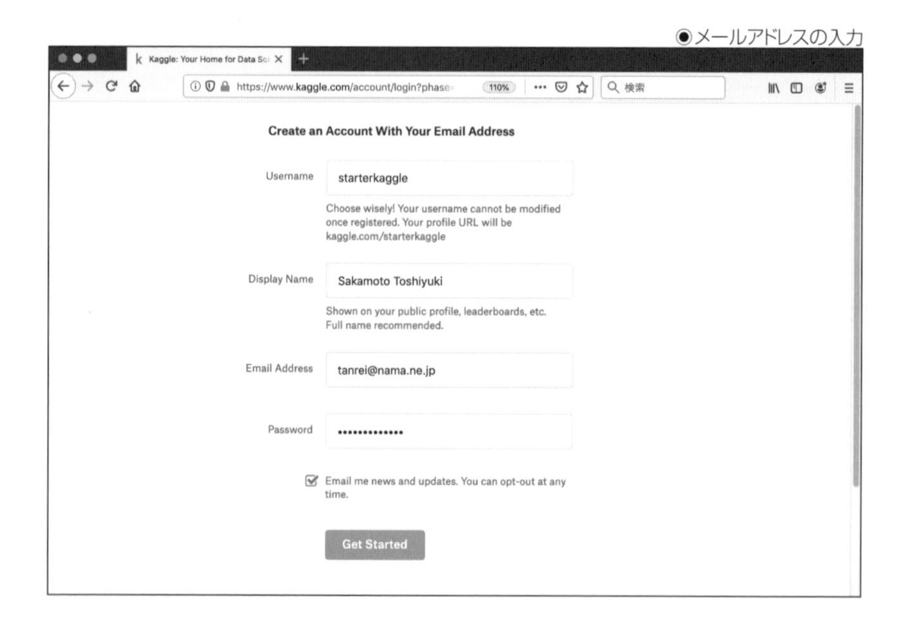

すると次のように、Kaggleの利用規約とプライバシーポリシーが表示されるので、両方のチェックボックスで「I agree」にチェックを入れ、「Create Account」をクリックします。

◉利用規約の確認

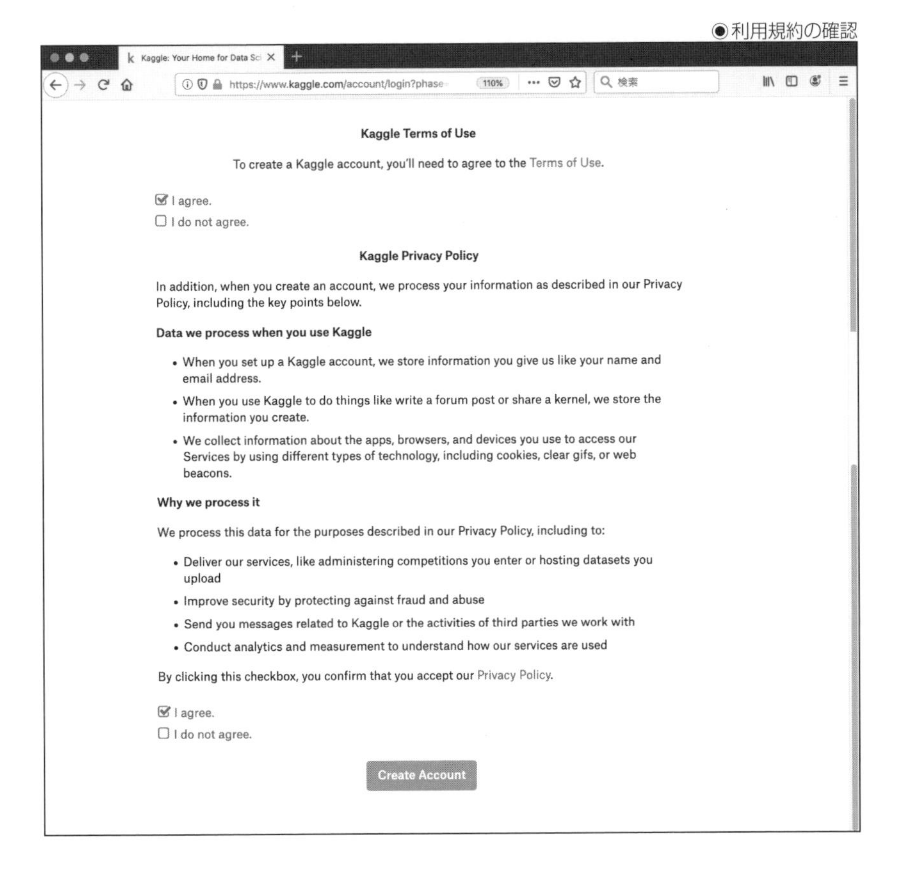

すると入力したメールアドレスに確認のメールが送信されます。

そして確認メールの中に含まれているURLをクリックし、CAPTCHAでロボットではないことを確認すると、Kaggle上にアカウントが作成されます。

●Kaggleにログインしたところ

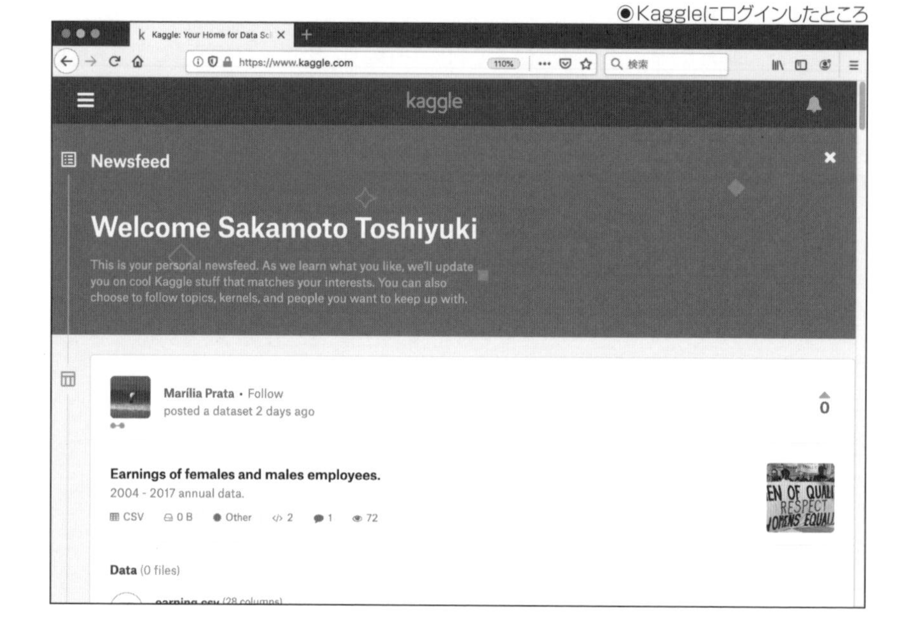

Kaggleで機械学習を学ぶ

　機械学習やデータ解析についてすでに十分なスキルがあるという自信があるなら別ですが、Kaggleにはじめて登録したら、機械学習に関する学習コースを一通り学んでみることをお勧めします。

　Kaggleが提供している学習コースは、「https://www.kaggle.com/learn/overview」のURLを開くか、Kaggleのトップページから「Courses」を選択すると開くことができます。

◉学習コースの一覧

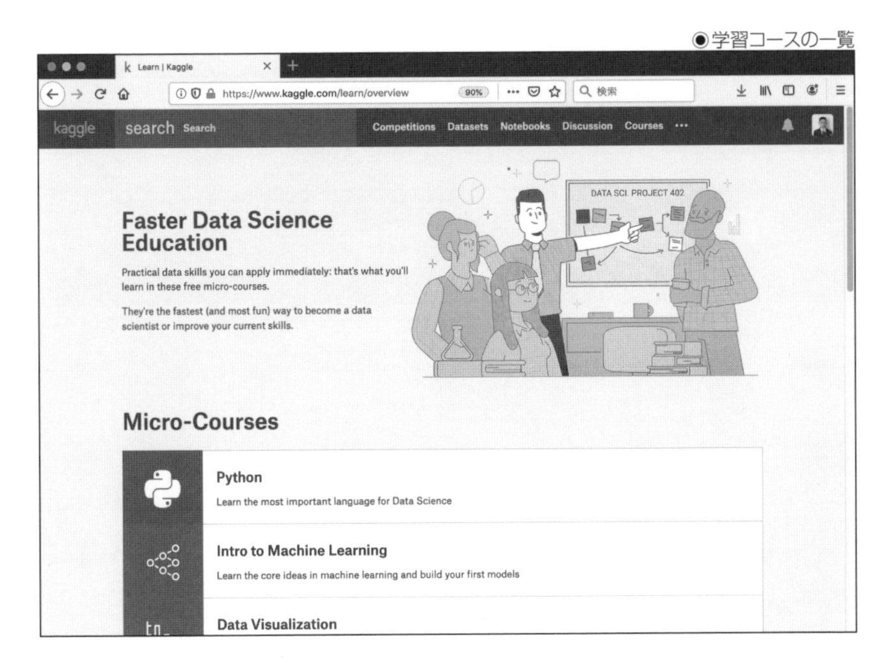

用意されているコースには、ユーザーのスキルに応じて、Python言語の初歩から始まって、機械学習の基本やデータの可視化に各種ライブラリの使用方法など、Kaggleのコンペティションで必要となるプログラミング上の要素が含まれています。

また、コースの例題を解く過程で、ノートブックの実行などKaggleのプラットフォームの使い方を学ぶこともできます。

◆Python言語の初歩を学ぶ

それぞれのコースは、2〜8個のレッスンからなっており、それぞれのレッスンには、解説と、実際にコードを作成して実行する例題が含まれています。

それぞれのレッスンは、毎日、1つずつ実行するために、毎日メールで1つずつリマインダーを送信するようにもできます。

さて、先ほどの学習コース一覧から、「Python」をクリックすると、Python言語の初歩を学ぶコースのページが開きます。

ここでは学習コースの例として、Kaggleの学習コースに従って、Python言語の初歩を一通り学んでみます。

●Python言語の初歩コース

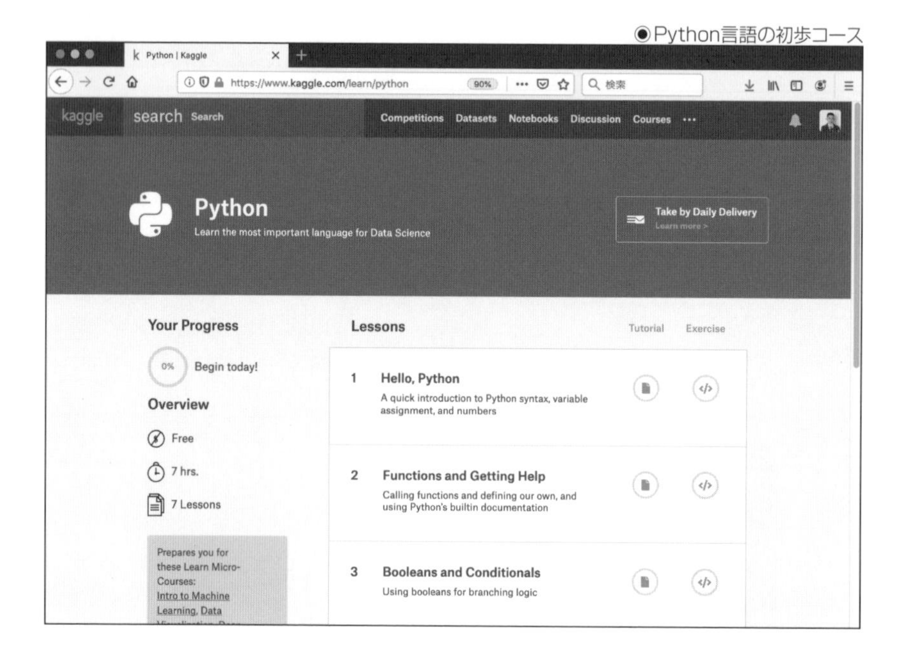

学習コースのページには、レッスンの一覧と、学習の進捗率が表示されています。

学習の進捗率はページ左側の「Your Progress」に割合が表示されます。上図では0%となっていますが、レッスンを進めていくと、それに従ってパーセンテージが増えていきます。

また、ページ上部の「Take by Daily Delivery」をクリックすると、毎日のメールが届くようになります。

まずは、「Lessons」の欄から、受講したいレッスンを選んでクリックします。すると次のように、そのレッスンの解説が開きます。

●チュートリアルのページ

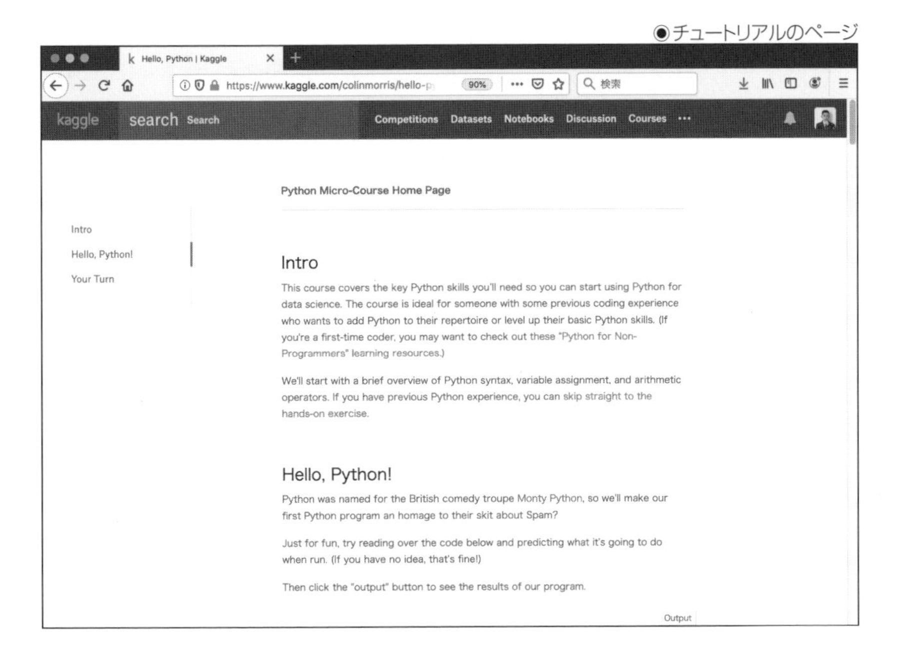

解説は英語版しか用意されていませんが、一つひとつのレッスンは大したことのないボリュームなので、翻訳サイトなどを使って読み進めてみましょう。

解説を読み終わり、元の学習コースのページに戻ると、次のように「Tutorial」の欄にチェックが付き、レッスンの進捗率も増えていきます。

●チュートリアルを読み終わった

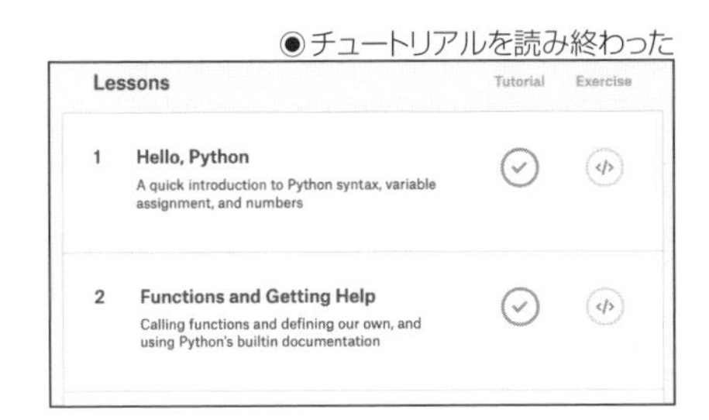

◆例題を実行する

解説を読み終わり理解したら、次はレッスンの一覧にある「Exercise」の欄をクリックし、例題のページを開きます。

●例題のページ

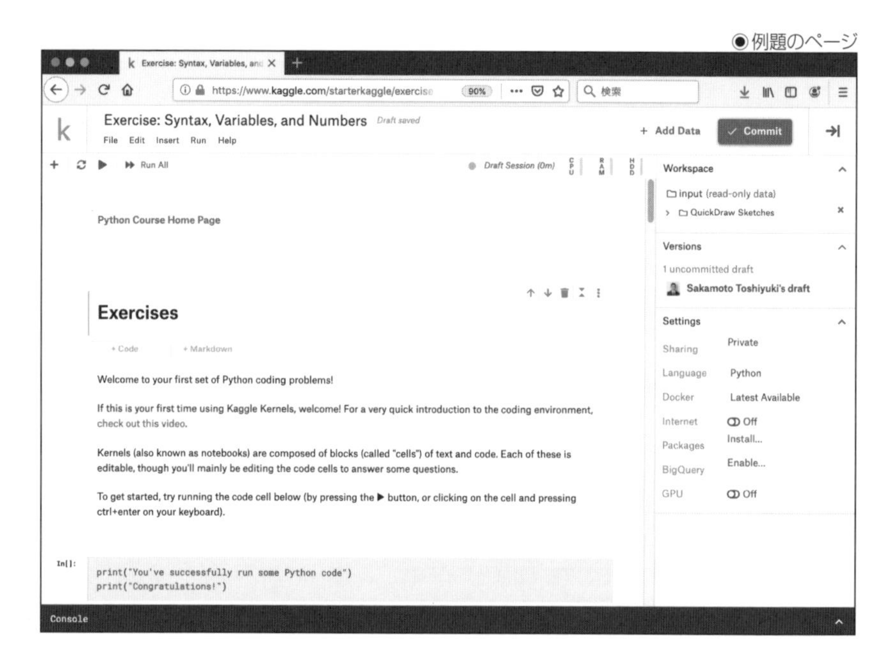

例題のページは上図のように、Kaggleのプラットフォームにあるノートブックとして実行されています。

ノートブックの機能については後の章で詳しく解説しますが、簡単に必要な機能だけを解説すると、まず、ノートブックには、マークダウン言語で書かれたコメント欄となる部分と、Python言語のソースコードが書かれた部分があります。

上図のキャプチャーでは、太字の「Exercises」とそれ以下の英語の解説が、コメント欄の部分となり、その下にある灰色の枠に書かれた「print(〜〜)」という部分が、Python言語の部分になります。

そして、Python言語の部分をクリックすると、ソースコードを編集できます。

また、次の画面で灰色の枠の隣にある三角マークをクリックすると、枠の中にあるソースコードを実行することができます。

●Python言語の部分

ソースコードを実行すると、その結果が枠の下に表示されます。

上図にあるソースコードは、「print」という関数を使ってメッセージを表示するソースコードなので、実行結果としてそのメッセージが画面上に表示されています。

ここにある黒い背景のメッセージは、ソースコードの実行結果なので、はじめに例題のページを開いたときには表示されておらず、三角マークをクリックしてソースコードを実行した後で、はじめて画面に表示されるようになります。

◆例題のノートブックについて

ノートブックを下にスクロールすると、コメント欄の部分にレッスンで学んだことに関する問題が書かれています。そしてそのすぐ下にあるPython言語の部分には、その問題の解答を入力するひな形が含まれています。

例題のノートブックは、そのPython言語の部分に回答となるソースコードを入力し、実行するという流れで作業するように作成されています。

たとえば、四問目の部分は下のキャプチャーのようになっています。ここには、「4.」から始まるコメント欄の部分に問題文が、その下のPythonのソースコード部分に回答を入力するひな形があります。

●問題文と回答の入力エリア

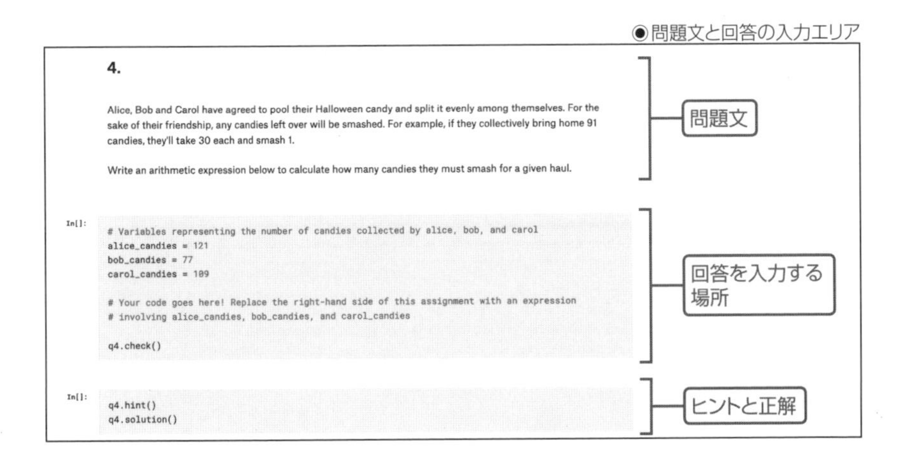

ひな形の最後には、「q1.check()」のような関数の呼び出しがあり、この関数を呼び出すことで、その直前に作成したソースコードが、問題の答えとして正しいかどうかをチェックするようになっています。

また、回答を入力する場所の下には、問題に関するヒントと正解を表示するソースコードが含まれています。それぞれ、「q1.hint()」「q1.solution()」のような関数でヒントと正解が表示されるので、そのソースコードのコメントを外して実行することができます。

◆例題のノートブックをセットアップする

また、ノートブックの最初には、問題のチェックに必要となる「q1」などのパッケージをインポートするソースコードがあります。ノートブックの問題を解く前に、必ずこのインポートするためのソースコードを実行しておく必要があります。

◉例題のセットアップ

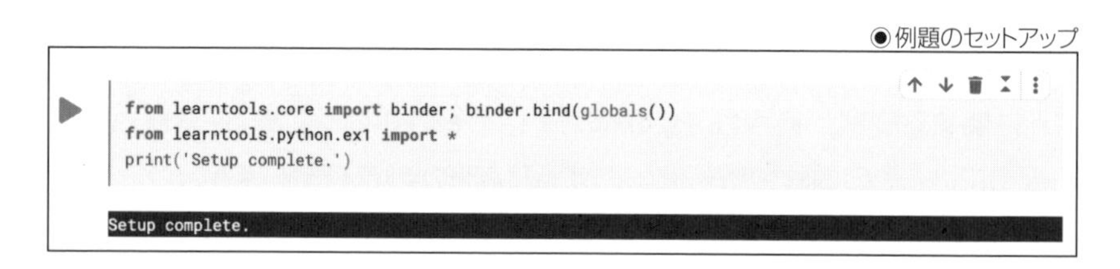

◆回答を送信する

パッケージのインポートを実行し、「Setup complete.」と表示されたら、ノートブックを下にスクロールしていき、問題を解いていきましょう。

Python言語の初歩コースで最初のレッスンにあるのは、Pytnon言語の基礎と変数に関する問題です。

最初の問題は、次のようになっている部分です。

◉第1問

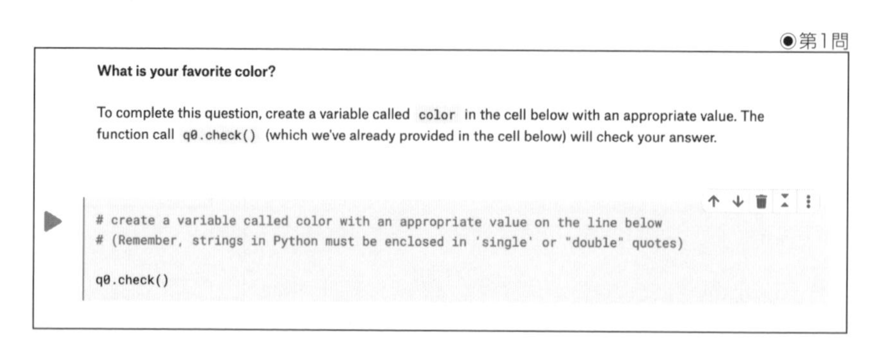

英語で書かれている問題の内容は、「あなたの好きな色は何ですか?『color』という変数にその色の名前を代入しなさい」というものです。

Pythonのソースコードで、「color」という変数に文字列を代入するには、「color = "代入する文字列"」という文を使用します。

ここでは色の名前として、「blue」を代入します。

そうすると、つまり、「color = "blue"」という文を、上記の問題に含まれているPythonのソースコード部分に追加することになります。

◉第一問の答え

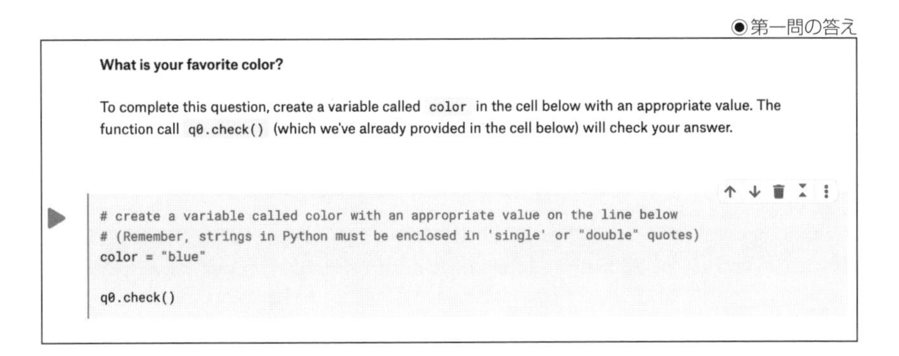

「color = "blue"」という文を追加し、三角マークからソースコードを実行すると、上図のように「Correct」と表示されました。これで、最初の問題を解くことができました。

このようにしてすべての問題を解き、Python言語の初歩コースのページに戻ってみましょう。

すると下図のように、レッスンの一覧にある「Exercise」の欄にもチェックが付き、コースの進捗率も増えていきます。

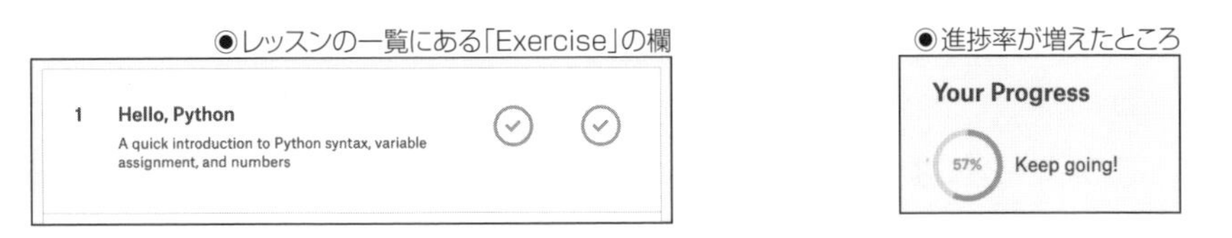

◉レッスンの一覧にある「Exercise」の欄

◉進捗率が増えたところ

すべてのレッスンに対して、解説のページを読み、例題のページからすべての問題を解くと、進捗率が100%になり、学習コースは完了です。

なお、学習コースは必ずしも順番通りに進める必要はなく、進捗率が途中のままで先のレッスンを開始したり、初心者向けの学習コースはスキップして、自分のスキルに見あるコースだけを開始しても構いません。

まずはContributerを目指す

Kaggleのランキングシステムについて

Kaggleにアカウントを作成し、Python言語と機械学習の初歩について知識を得たならば、本格的にKaggle上で活動を始める準備が整いました。

登録したアカウントのページは、「https://kaggle.com/アカウント名/」にアクセスすると表示することができます。

はじめてKaggleに登録した直後は、アカウントのページを表示すると、次のようになっているはずです。

●アカウントのページ

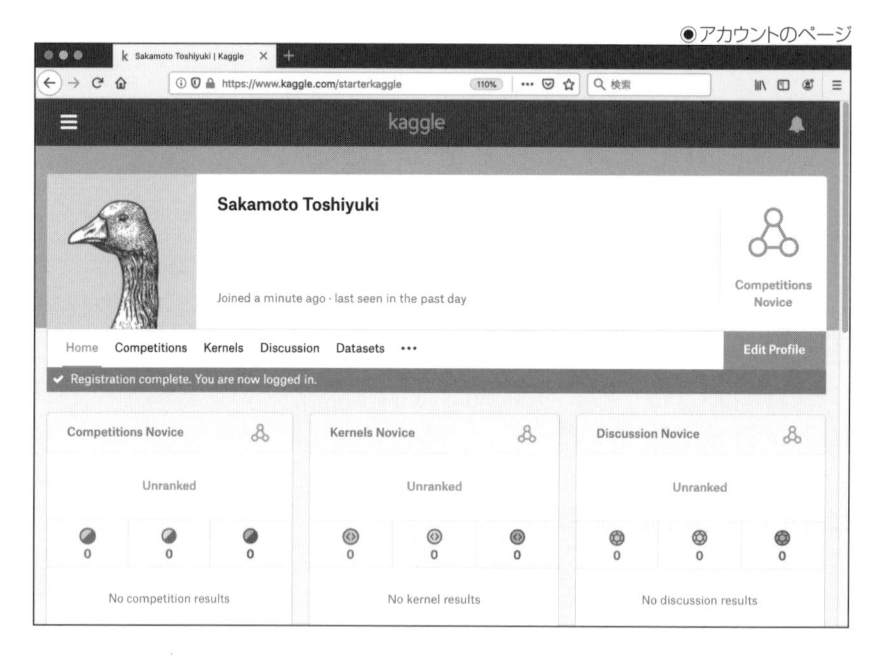

このページには、ユーザーのプロフィールの他に、Kaggle上での活動履歴や、ユーザーとしてのランクが表示されます。

🌐 Kaggleユーザーのランクとは

どのような人間でも、一人ひとりはそれぞれ異なっているので、学校の成績のような単純な数値で、その人間すべてを推し量ることはできません。

しかし、データサイエンティスト同士など、ある程度は同じ業界で働いているエンジニア同士であれば、仕事の経験の長さや、持っているスキルセット、あるいはプログラミングの手腕などによって、ある程度の「格の違い」が現れてくるのは当然のことです。

Kaggleでもそれは同様で、本職のデータサイエンティストとして経験値があり、以前から何度もコンペティションに入賞しているようなユーザーと、これから機械学習を学ぶためにKaggleに登録したばかりのユーザーとでは、たとえばディスカッションでの発言ひとつをとってみても、受け止められ方が異なってきます。

そして、そうしたユーザー間のスキルの違いを、ぱっとわかるような概要として提示できるようにしているのが、Kaggleにおけるユーザーランキングの制度です。

◆ Kaggleでのランク表示

先ほどのユーザーアカウントのページには、次のようなマークが表示されていました。この、いくつかの丸を繋げたマークが、Kaggleにおけるランキングを表しているマークで、下の緑の三角形は、いわばKaggleにおける「初心者マーク」といえる最も低いランクのマークです。

●Kaggleでの初心者マーク

このランクを表すマークは、Kaggle上で活動する際に、あらゆる場所に表示されることになります。

たとえば、ディスカッションのページでコメントを投稿する際にも、そのコメントの脇に表示されるプロフィール画像の下に、現在のランクを表す丸の数が表示されますし、自分の作ったノートブックを公開する際にも、公開者のプロフィール画像の下に丸の数が表示されることになります。

◉ランクを表す丸の数

そのため、Kaggle上でユーザー同士が交流する際には、嫌が応にもお互いのランクを見ながら、どちらがランキング上で上にいるかを意識して交流をすることになります。

このように、常にランクが表示されるのは、ある意味でかなりいやらしい制度ではありますが、コンペティションという競争が中心となっているKaggleらしい制度ともいえます。

◆ Kaggleのランキング制度

Kaggleのランキング制度については、Kaggleの「Progressionページ」[1]から参照することができます。

●Kaggleのランキング制度

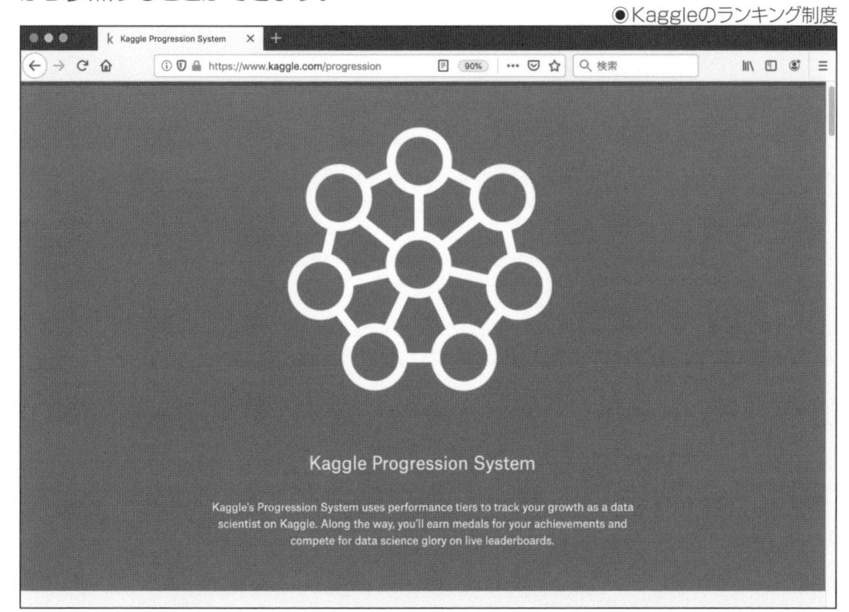

このページを下にスクロールすると、次のようにKaggleにおけるランクの種類と、そのランクに到達するために必要となる要素が表示されます。下図にあるように、ランクの種類を表すマークは、すべていくつかの丸を繋げたマークになっており、ランクが上のマークほど、たくさんの丸からなっています。

[1]:https://www.kaggle.com/progression

●ランクアップに必要な要素

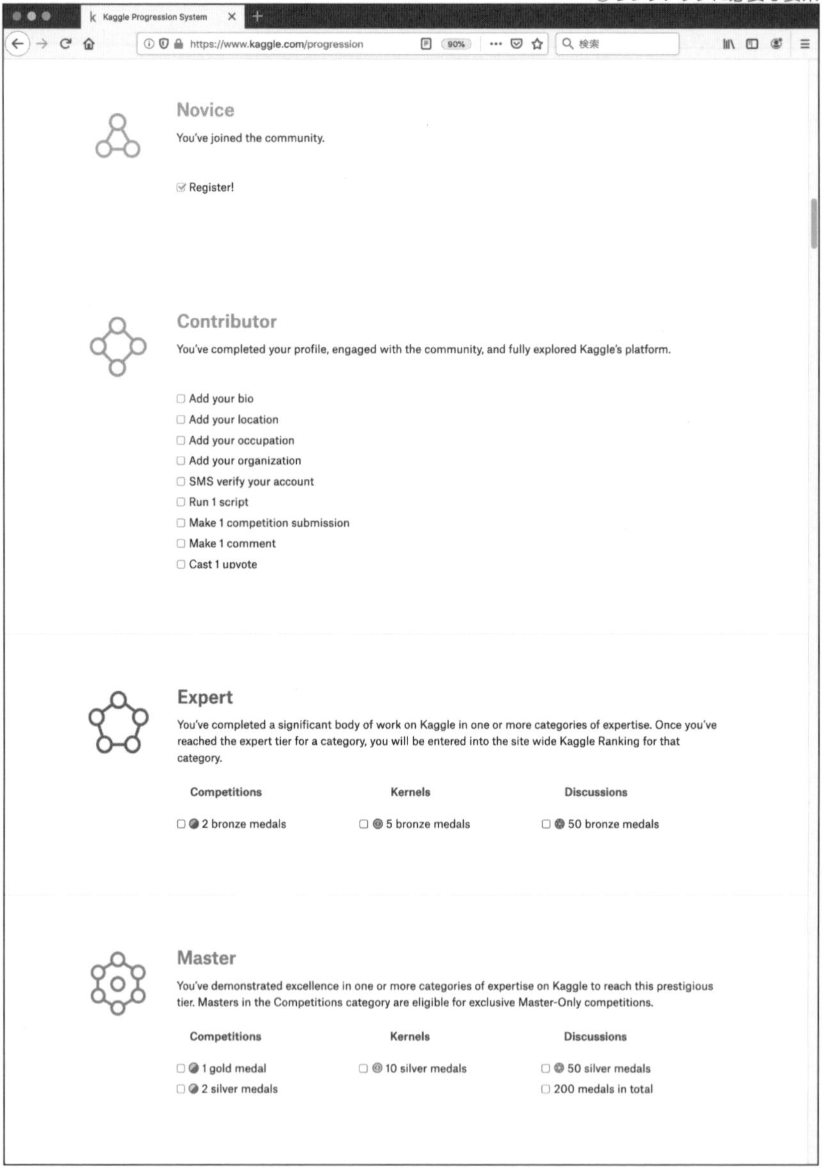

Kaggle Progression System
https://www.kaggle.com/progression

Novice

You've joined the community.

- ☑ Register!

Contributor

You've completed your profile, engaged with the community, and fully explored Kaggle's platform.

- ☐ Add your bio
- ☐ Add your location
- ☐ Add your occupation
- ☐ Add your organization
- ☐ SMS verify your account
- ☐ Run 1 script
- ☐ Make 1 competition submission
- ☐ Make 1 comment
- ☐ Cast 1 upvote

Expert

You've completed a significant body of work on Kaggle in one or more categories of expertise. Once you've reached the expert tier for a category, you will be entered into the site wide Kaggle Ranking for that category.

Competitions	Kernels	Discussions
☐ 2 bronze medals	☐ 5 bronze medals	☐ 50 bronze medals

Master

You've demonstrated excellence in one or more categories of expertise on Kaggle to reach this prestigious tier. Masters in the Competitions category are eligible for exclusive Master-Only competitions.

Competitions	Kernels	Discussions
☐ 1 gold medal	☐ 10 silver medals	☐ 50 silver medals
☐ 2 silver medals		☐ 200 medals in total

◆Kaggleランクの種類

Kaggleのランキング制度に存在するランクは、下から順に、Novice、Contributor、Expert、Master、Grandmasterの5段階です。

面白いのは、Expert以降のランクには、「コンペティションのExpert」「ノートブックのExpert」「ディスカッションのExpert」という風に、参加する活動による種類が分けられていることです。

これは、コンペティションに参加して機械学習モデルのチューニングを行うのが得意なエンジニアもいれば、ノートブックを公開して自身のソリューションを紹介するのが好きなエンジニアもいる、という参加者の好みの違いを反映した制度です。

これまでに紹介してきたように、Kaggle上ではユーザー間の交流が盛んに行われますが、コンペティションという場では、当然ながら自分の手の内は明かさずに、他人のソリューションを見るだけの方が、競争上有利になります。

しかし、それだけでは、コミュニティとしてのKaggleが機能しなくなってしまうため、コンペティションの結果によるランクだけではなく、公開したノートブックの評価に基づくランクや、ディスカッションに参加した報酬としてのランクも存在するようになっているのです。

そして、それぞれのランクに種類があるにもかかわらず、同じExpertであれば、コンペティションのExpertであってもディスカッションのExpertであっても、プロフィール画像に表示される丸の数と色は同じ、という風に扱われます。

◆Kaggleのメダル

それぞれのランクに必要となる要素は、Contributorまでは所定の作業を行うこと、そしてExpert以降は、必要な数の「メダル」を集めること、となっています。

ランクアップに必要なメダルは、コンペティションであれば、最終成績において上位に入賞したチームに含まれていれば受け取ることができます。

メダルを受け取ることができる入賞チーム数は、コンペティション参加者の数によってルールが決められており、たとえば1000チーム以上が参加しているコンペティションの場合、コンペティションの5%以下10%以上で銅メダル、上位5%で銀メダル、上位10チーム+0.2%以内であれば金メダル、となります。

●コンペティションで受け取れるメダル

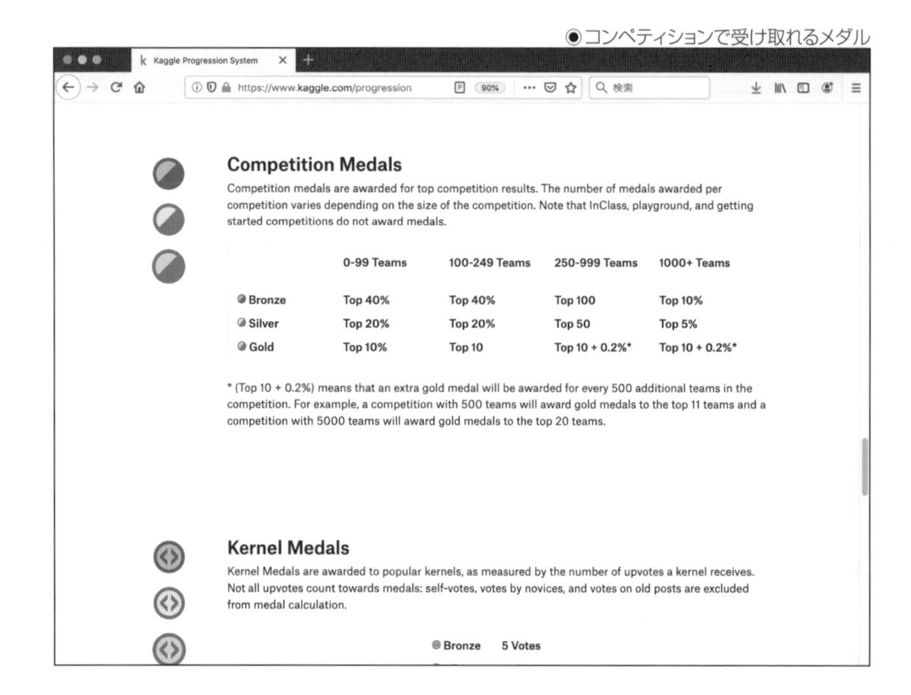

また、ノートブックとディスカッションについてのメダルは、それらを公開して、他の参加者から評価された際に受け取ることができます。評価は、Facebookの「いいね」に似た機能である、「Vote」の数で求められます。

ノートブックの場合、5Vote以上で銅メダル、20Vote以上で銀メダル、50Vote以上で金メダルとなります。また、ディスカッションでは、1Vote以上で銅メダル、5Vote以上で銀メダル、10Vote以上で金メダルとなります。

ノートブックとディスカッションの場合、Voteの数が増えていくにつれ、メダルの種類が銅→銀→金と変わっていく形で、同じ要素から得られるメダルの数は1つのままです。

◆必要な作業とメダル

コンペティション、ノートブック、ディスカッションとで、ランキング上必要となる要素が異なっているため、Kaggleのランキング制度はやや複雑なものになっています。

それぞれのランクに必要となる要素をまとめると、下表のようになります。

◉ランクに必要な要素

ランクの種類	コンペティション	ノートブック	ディスカッション
Novice	ユーザー登録		
Contributor	所定の作業		
Expert	銅メダル2個	銅メダル5個	銅メダル50個
Master	金メダル1個＋ 銀メダル2個	銀メダル10個	銀メダル50個＋ 合計200メダル
Grandmaster	金メダル5個＋ ソロ参加で金メダル	金メダル15個	金メダル50個＋ 合計500メダル

このランキング制度は、同じ種類のランクであれば、コンペティション、ノートブック、ディスカッションいずれの種類であっても、同じ程度にKaggleに参加していることを表すように設計されています。

また、必要となるメダルの数は、Kaggleに登録してからの累積数なので、当然昔からKaggleに参加しているユーザーの方が、ランキング上は有利になります。

そのため、ランクの種類が機械学習のスキルと直結するわけではありません。どれほどスキルの高いユーザーであっても、参加してすぐにMasterクラスへランクアップすることは不可能ですし、逆に、長く継続的にディスカッションに参加しているユーザーであれば、ディスカッションのコメントだけである程度のランクには到達できるでしょう。

したがってこのランキング制度は、あくまでKaggleというコミュニティにどの程度、貢献しているかを表す、目安としての要素といえるでしょう。

Contributerとは

そのように、Kaggle上のランキングは、そのユーザーがKaggle上でどの程度貢献をしているかを示す指標になるので、Kaggleをどのように利用しようと思っているかはともかく、最低限、真面目に参加しているのだと認識される程度のランクを手に入れておく方が望ましいでしょう。

Kaggleのランキング制度においては、下から2番目のランクであるContributerになれば、一応はKaggleの活動を一通り体験したユーザーである、ということになります。

また、Contributerランクは、コンペティションの順位などは関係なく、特定の操作を行うだけでランクを得ることができる、いわばチュートリアル卒業の証なので、はじめてKaggleに登録したら、まずはContributerを目指してみましょう。

◆プロフィール欄を埋める

Contributerのランクを手に入れるために必要なのは、特別な機械学習のスキルなどではなく、Kaggleのプラットフォームを一通り使ってみたという履歴です。

まずはアカウントのページから、ユーザーのプロフィールを作成します。「https://kaggle.com/アカウント名/」にアクセスしてユーザーアカウントのページを開き、「Edit Profile」をクリックします。

●ユーザーアカウントのページ

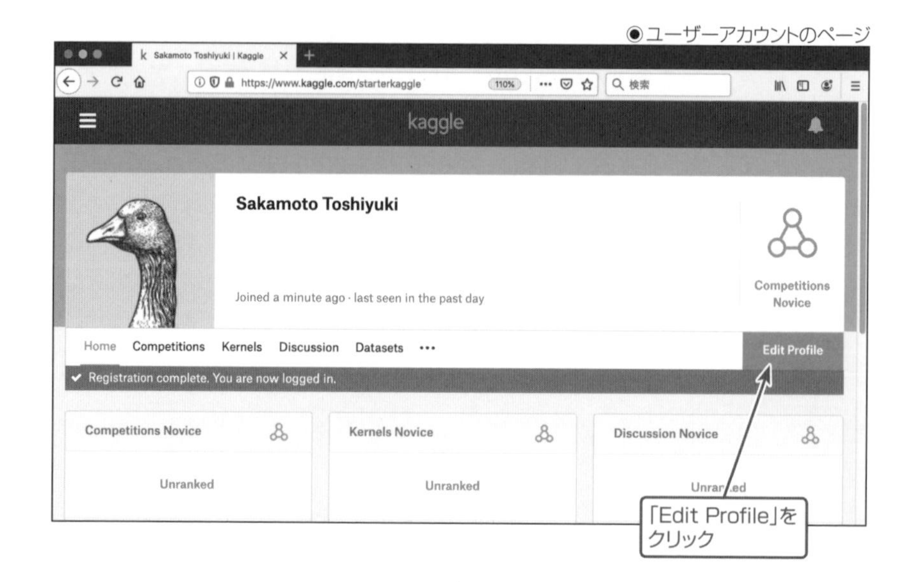

すると次のように、アカウント情報を編集する画面になるので、必要な情報を入力します。Contributerに必要となるのは、住んでいる都市、役職名、所属する組織についての情報ですが、他にもプロフィール画像やSNSアカウントへのリンクも作成できるので、公開してよいものはすべて入力します。

●アカウント情報の編集

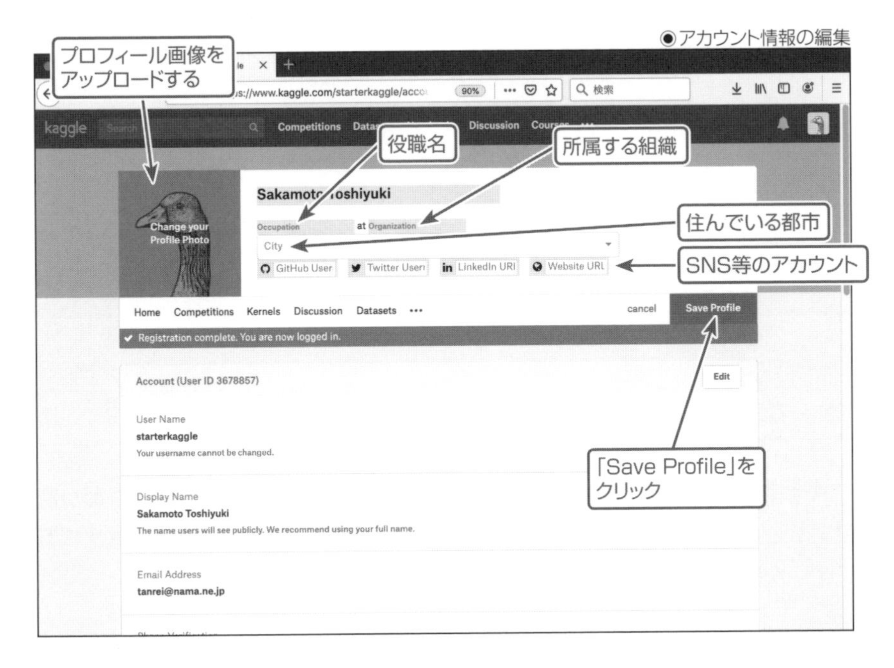

すべての情報を入力したら、「Save Profile」をクリックして入力したデータを保存します。

そして、このページで下にスクロールすると、「Phone Verification」というリンクがあるのでそれをクリックします。

すると次のような画面が表示されるので、ボットではないことを確認し、携帯電話の電話番号を入力します。

●電話番号の確認画面

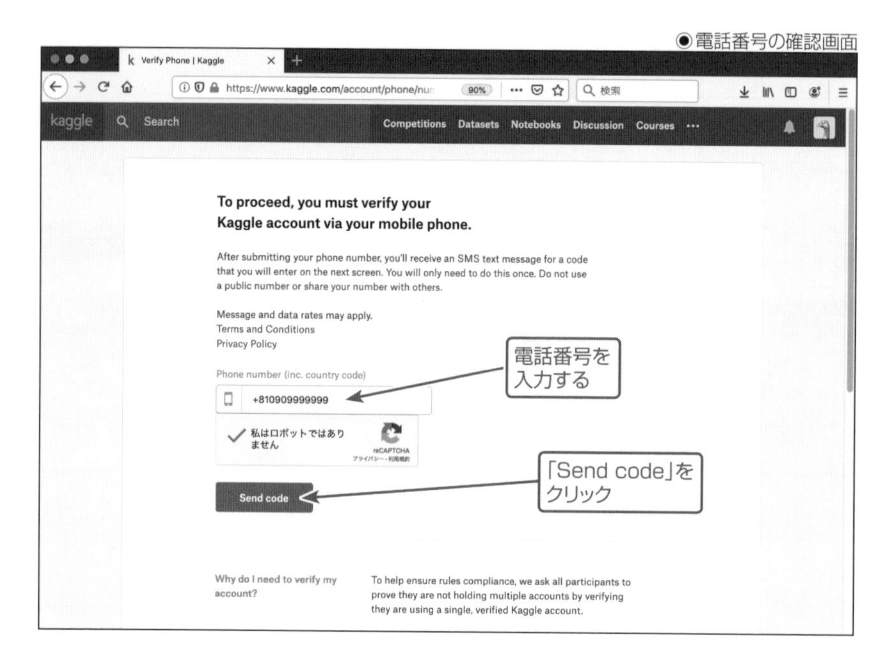

電話番号は、頭に日本の国である「+81」を付けて入力する必要があります。そして「Send code」をクリックすると、SMSで認証コードが送信されるので、次に表示される画面で送られてきたコードを入力します。

●電話番号の確認

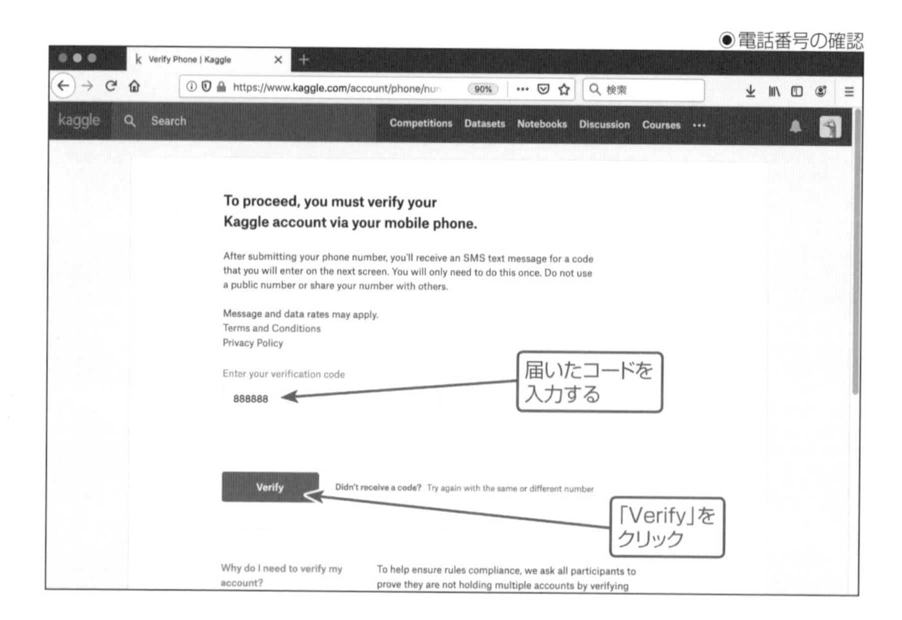

◆自己紹介を作成する

次に、ユーザーのプロフィールページに表示される自己紹介文を作成します。それには、ユーザーアカウントのページを開き、「Bio」の欄にある「Edit」をクリックします。

●アカウントのページ

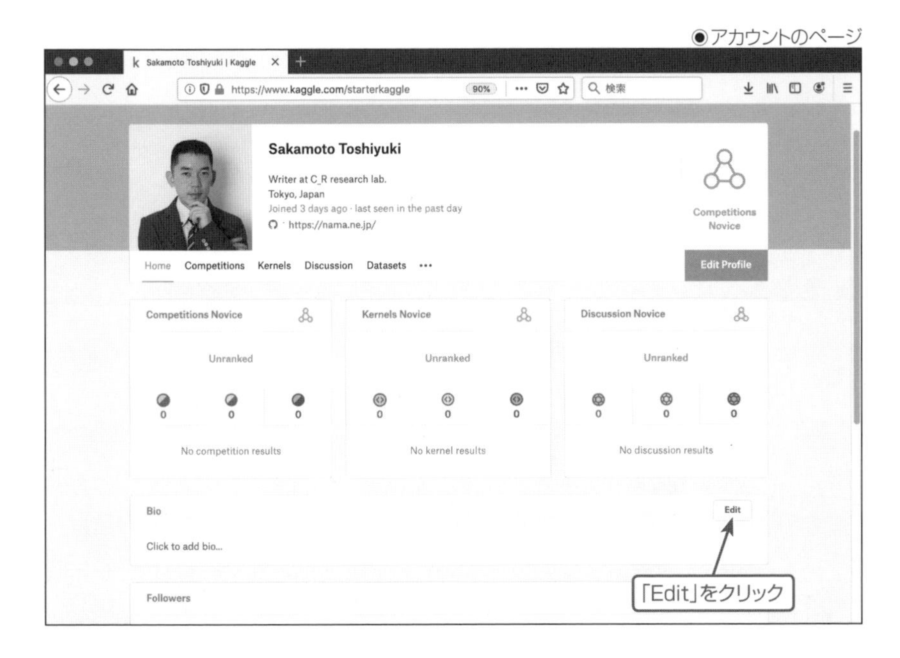

すると次のように、テキストの入力ができるようになるので、英語で自己紹介文を入力します。自己紹介文の長さに特に制限はありません。入力するテキストはマークダウンで修飾が可能となっています。

●自己紹介の入力

自己紹介文を入力したら、「Save」をクリックして保存します。

以上でユーザーのプロフィールが作成されました。

もう一度「https://www.kaggle.com/progression」を開き、ランキング制度の「Contributer」の欄を見ると、プロフィールに関する項目にチェックが付いていることがわかります。

●Contributerのチェック

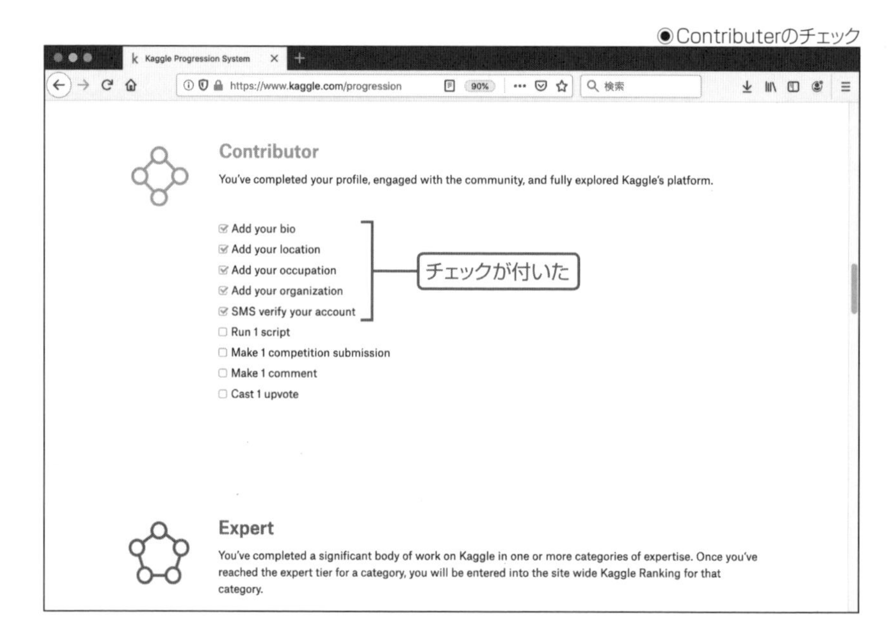

次は残りのチェックをすべて付けて、Contributerにランクアップを目指します。

Kaggle上の交流

Kaggleでの活動の多くは、コンペティションとユーザー間の交流にあります。ユーザーのプロフィールが完成したら、Kaggleのプラットフォームでの活動を一通り体験してみましょう。

◆ディスカッションに参加する

Kaggle上のディスカッションは、コンペティションのページ内に用意されているものと、Kaggle全体について議論するページに用意されているものがありますが、ここではまずKaggle全体について議論するディスカッションページを開きます。

1 2 はじめてのKaggle 3 4 5 A

ディスカッションページは、「https://www.kaggle.com/discussion」にアクセスすると開くことができて、次のようにトピックとフォーラムの一覧が表示されます。

◉Kaggleのディスカッションページ

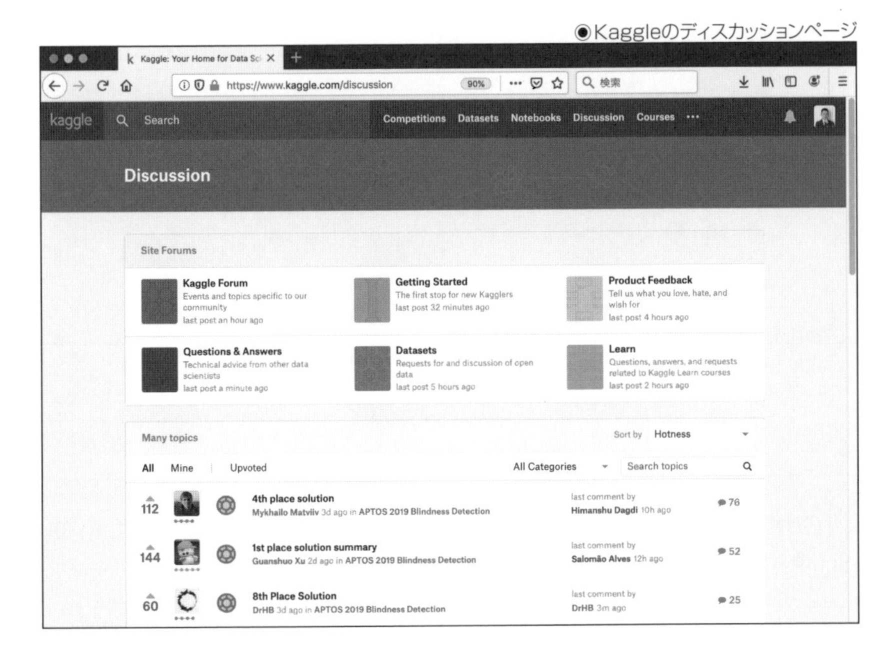

ここではユーザー登録したばかりで、Kaggleの使い方を学んでいる段階なので、「Getting Started」フォーラムを覗いてみましょう。

上記のページから「Getting Started」をクリックすると、「Getting Started」フォーラムが開きます。このフォーラムには次のように、初心者向けの議論やトピックが作成されます。まずはいくつかトピックを開いて、その中でどのような議論が行われているか確認してみましょう。

●Getting Startedのトピック

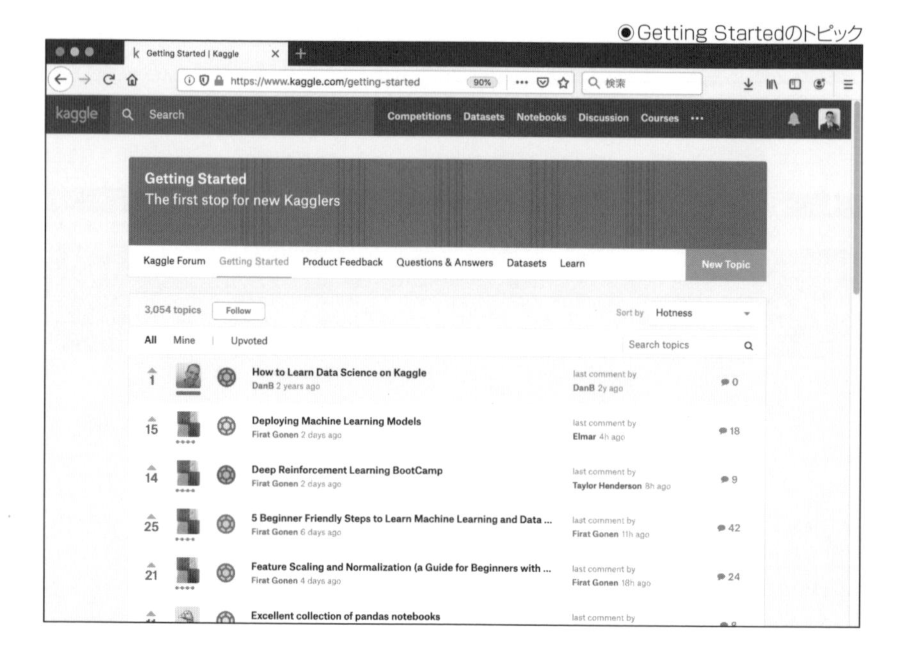

「Getting Started」フォーラムの雰囲気がつかめたら、「New Topic」をクリックして新しいトピックを作成してみましょう。

●トピックの作成

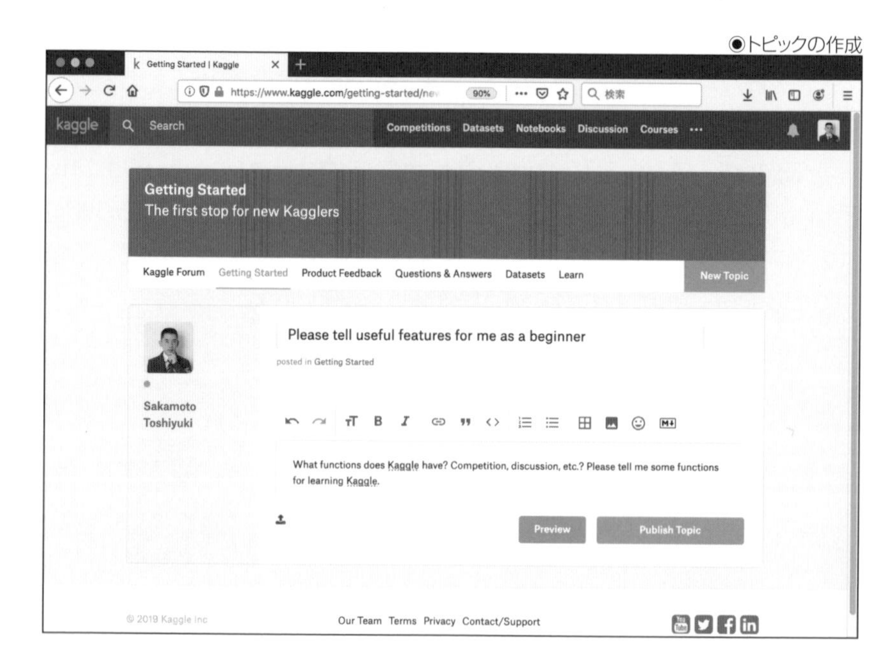

ここでは次のように、初心者向けの機能を教えてくださいという内容の投稿をしてみました。

●トピックを作成したところ

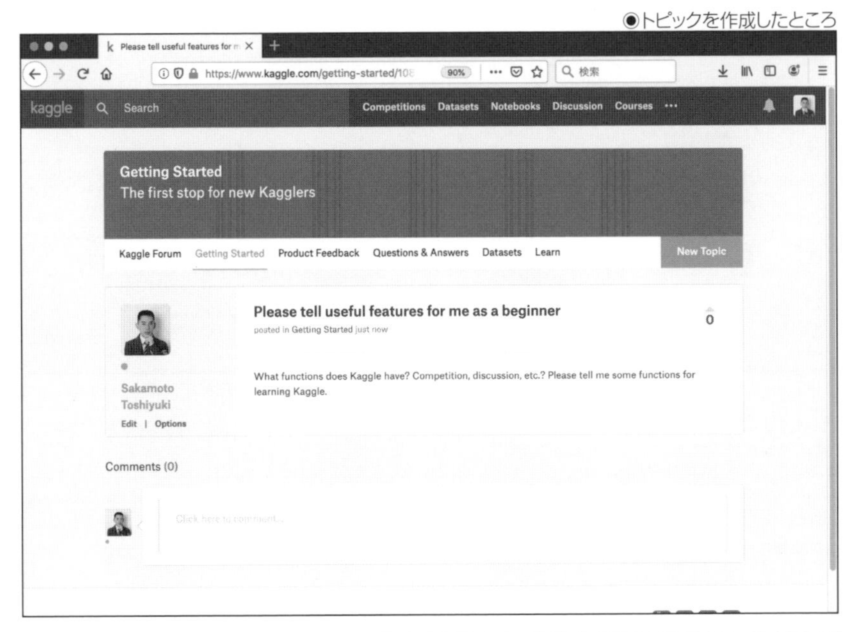

【訳】
初心者向けの便利な機能を教えてください

Kaggleにはどんな機能がありますか？
コンペティション、ディスカッション、その他？
Kaggleの使い方を教えてください。

◆Up Voteする

現在のKaggleには参加者が多数いるので、よほどつまらない内容を書き込んだのでない限り、少し待てば他の参加者から何らかのリアクションが期待できます。

次ページの図は、トピックを作成した後に、そのトピックにコメントが投稿された状態を表しています。

●トピックにコメントが付いた

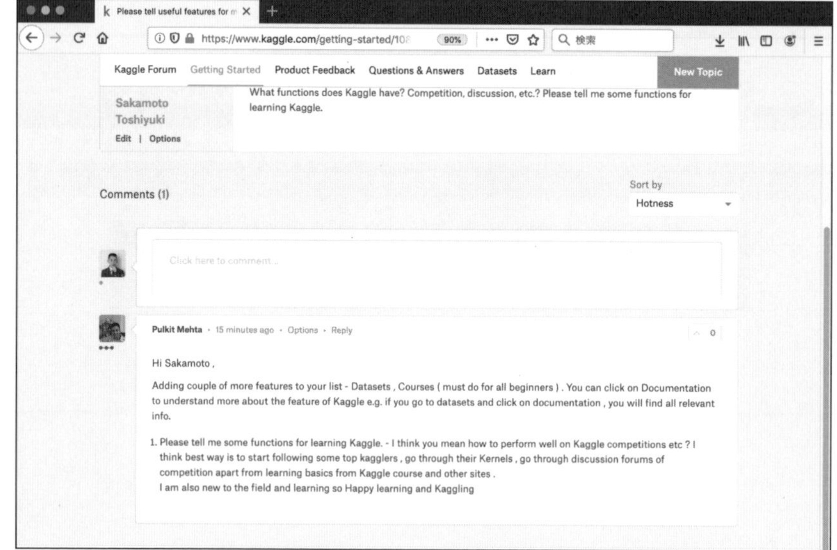

【訳】
こんにちは、坂本

他にもいくつかの機能があります・・・データセット、学習コースなど。ドキュメントには、Kaggleの機能の詳細があります。

Kaggleを学習するための機能について、コンペティションでの最良の方法は、上位のKagglerとカーネルをフォローし、Kaggleの学習コースや他のサイトから基礎を学ぶことと、コンペティションのディスカッションを読むことだと思います。

さて、自分が作成したトピックにコメントが付いたら、そのコメントに「Vote」してみましょう。

ランキングシステムの解説のところでも紹介しましたが、Kaggleでの「Vote」は、Facebookの「いいね」に似た機能で、ユーザー間の交流において良いと思った要素に付けるマークです。

ディスカッションにおいて「Vote」するには、対象となるトピックや投稿にある、上向きの矢印ボタンをクリックします。

●Up Voteボタン

前ページの図のようにコメントのタイトルの右に上向きの矢印ボタンがあり、それをクリックすることで「Vote」することができます。

そして、誰かが「Vote」すると、アイコン内の数字が1つ増えて、「Vote」された数がわかるようになっています。

また、トピックのコメントにある「Reply」をクリックすると、そのコメントに対する返信を作成することができます。

「Thank you」だけなどの簡単な文面でもよいので、返信と「Vote」でコメントしてくれた人へ返信して、感謝の気持ちを伝えておきましょう。

●コメントに返信

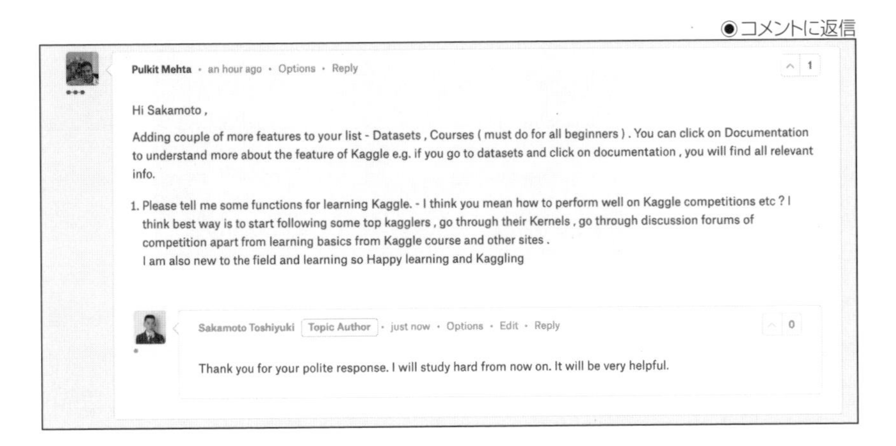

さらに、他人の作成したトピックに対しても「Vote」をしてみます。

トピックを開くと、次ページのような画面が表示されますが、トピックのタイトルの右にある、上向きの矢印が「Vote」するためのボタンで、その下にVoteされた数を表す数字が表示されます。

●トピックにおけるUp Voteボタン

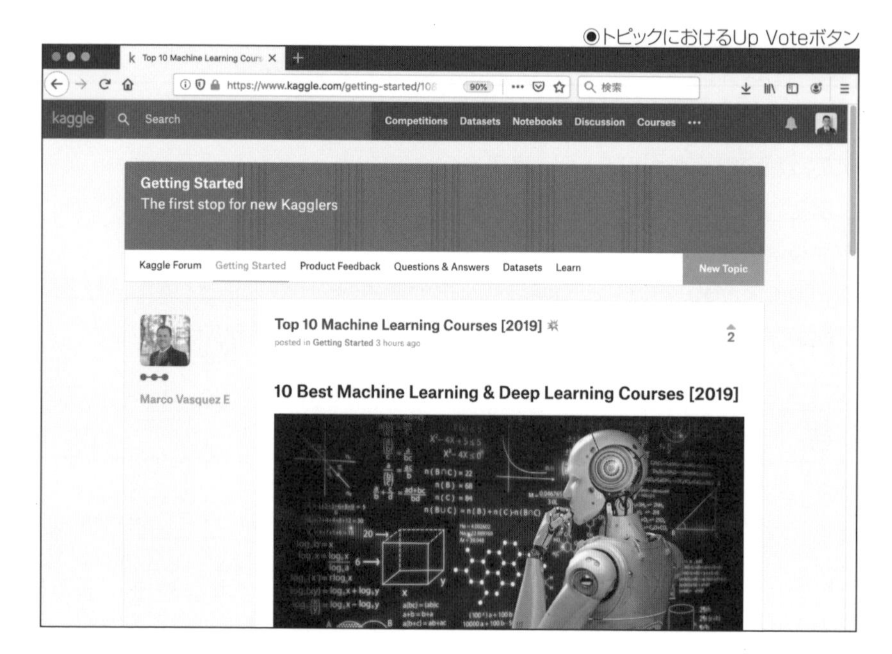

この矢印ボタンをクリックすると、数字が1つ増えて、トピックを「Vote」することができます。自分で「Vote」することは、Contributerにランクアップするために必要な作業でもあるので、いくつか面白い話題を扱っていると思うトピックを開き、「Vote」してみましょう。

また、トピック内のコメントについても、議論の内容に興味が持てたらいくつか「Vote」してみましょう。

コンペティションに参加する

それでは、いよいよKaggleの醍醐味であるコンペティションに参加し、他の参加者と順位を競い合ってみましょう。

ここでは、勉強用のサンドボックスとして用意されている、「Digit Recognizer」[2]に参加します。

このコンペティションは、あくまで練習場としての常設コンペティションなので、最終的な順位が確定することはありません。しかし、途中結果として提出物の順位を表示するリーダーボードがあり、その上でのスコアを確認することで、コンペティションにおける競争を体験することができます。

◆ノートブックを実行する

まずは、「Kaggleのコンペティションの一覧ページ」[3]を開き、「Digit Recognizer」コンペティションを探します。

前章でも解説しましたが、このコンペティションは手書きの数字画像を認識するOCRを作成する画像認識コンペティションで、28ピクセル×28ピクセルの画像を、0から9までの種類に分類するものになります。

●コンペティションの一覧

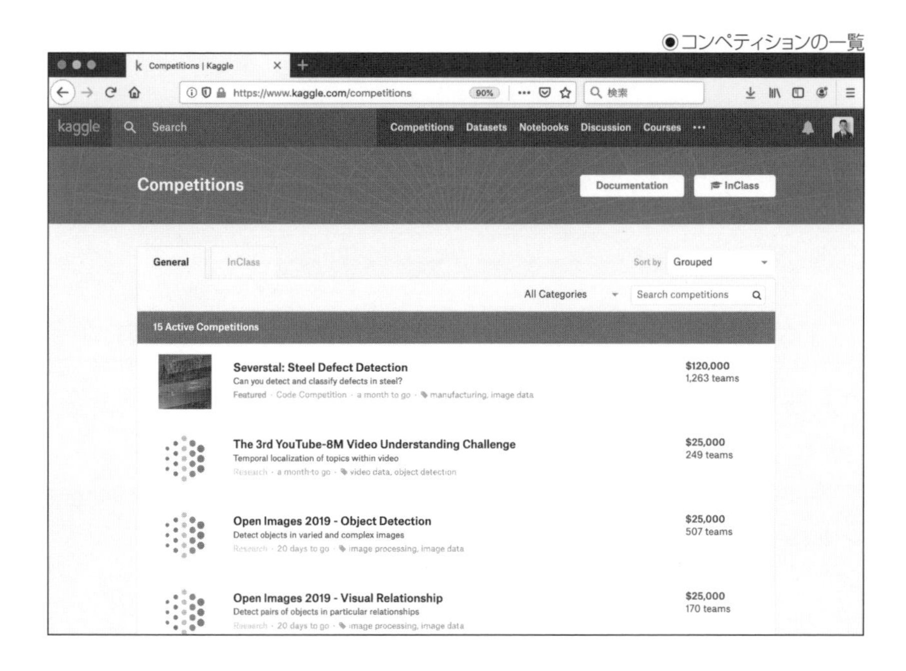

[2]:https://www.kaggle.com/c/digit-recognizer
[3]:https://www.kaggle.com/competitions

「Digit Recognizer」のアイコンは、次のように手書きの数字が書かれた黒い四角です。見つかったらアイコンをクリックし、コンペティションのページを開きます。

●「Digit Recognizer」コンペティション

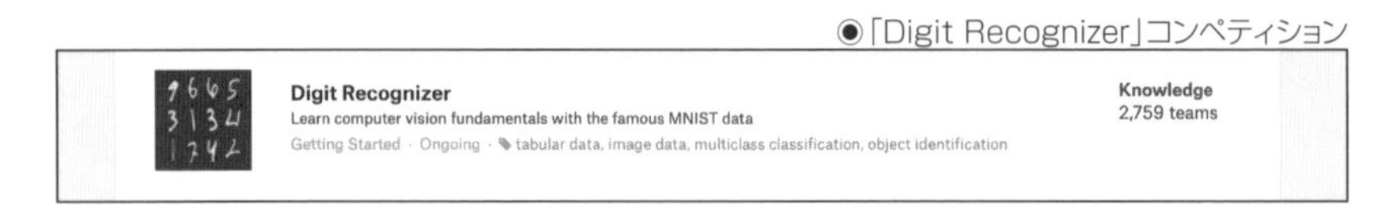

すると次のような画面が開くので、「Notebooks」をクリックしてノートブック一覧のページを開きます。

●「Digit Recognizer」コンペティションのページ

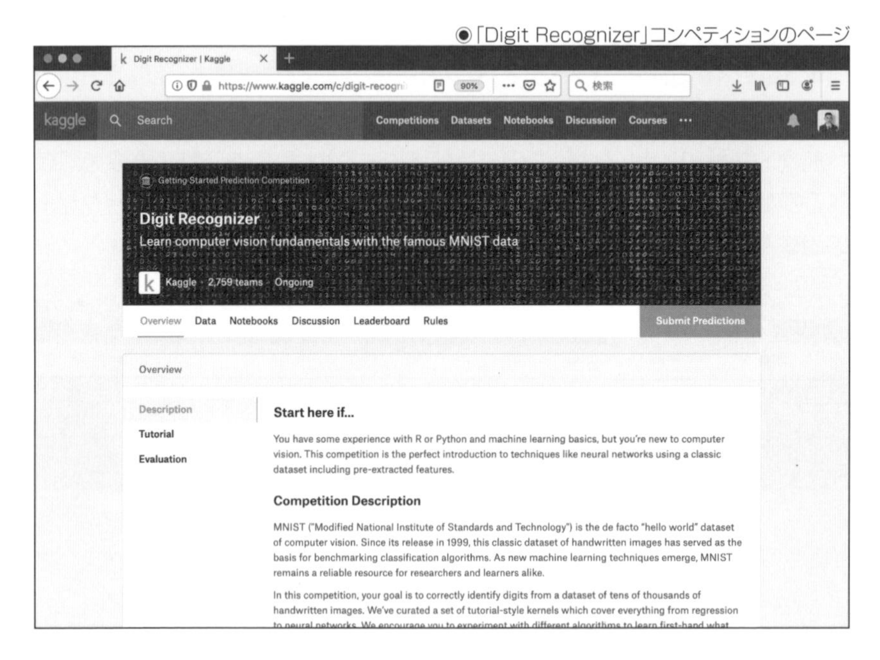

ここでは、筆者が行ったハンズオンに基づいてはじめてのコンペティションに参加してみましょう。

ノートブック一覧のページに検索窓があるので、その検索窓から「Chainer」を検索します。

●「Notebooks」から検索

そうすると、「Chainer-MNISTClassifier-base」というノートブックが見つかるので、そのノートブックをクリックします。

●検索結果

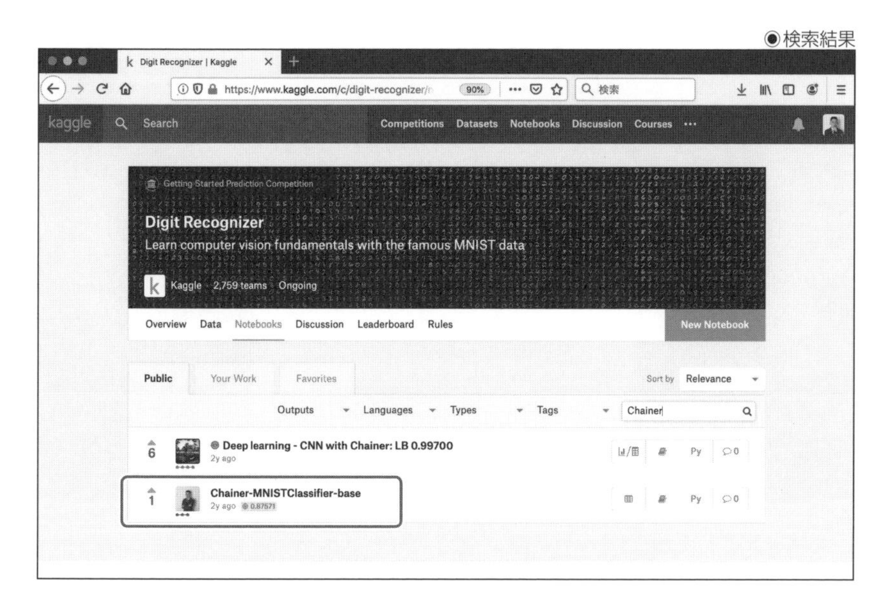

すると次のように、ノートブックが開くので、右上にある「Copy and Edit」をクリックします。

●ノートブックを開く

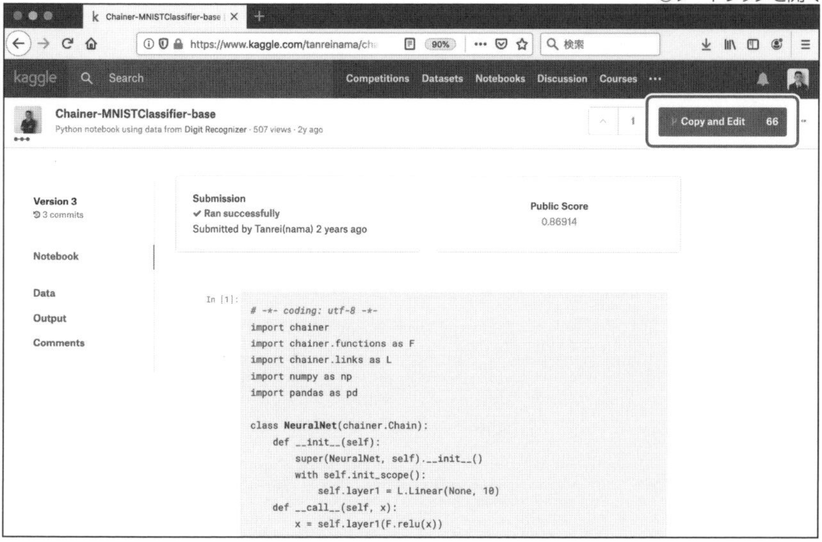

Chainer-MNISTClassifier-base

https://www.kaggle.com/tanreinama/ch

kaggle Search Competitions Datasets Notebooks Discussion Courses

Chainer-MNISTClassifier-base

Python notebook using data from Digit Recognizer · 507 views · 2y ago

Copy and Edit 66

Version 3

3 commits

Notebook

Data

Output

Comments

Submission

✔ Ran successfully

Submitted by Tanrei(nama) 2 years ago

Public Score

0.86914

In [1]:

```
# -*- coding: utf-8 -*-
import chainer
import chainer.functions as F
import chainer.links as L
import numpy as np
import pandas as pd

class NeuralNet(chainer.Chain):
    def __init__(self):
        super(NeuralNet, self).__init__()
        with self.init_scope():
            self.layer1 = L.Linear(None, 10)
    def __call__(self, x):
        x = self.layer1(F.relu(x))
```

はじめてこのコンペティションに参加する場合、次のように確認のダイアログが表示されるので、「I Understand and Accept」をクリックします。

◉ノートブックをコピー

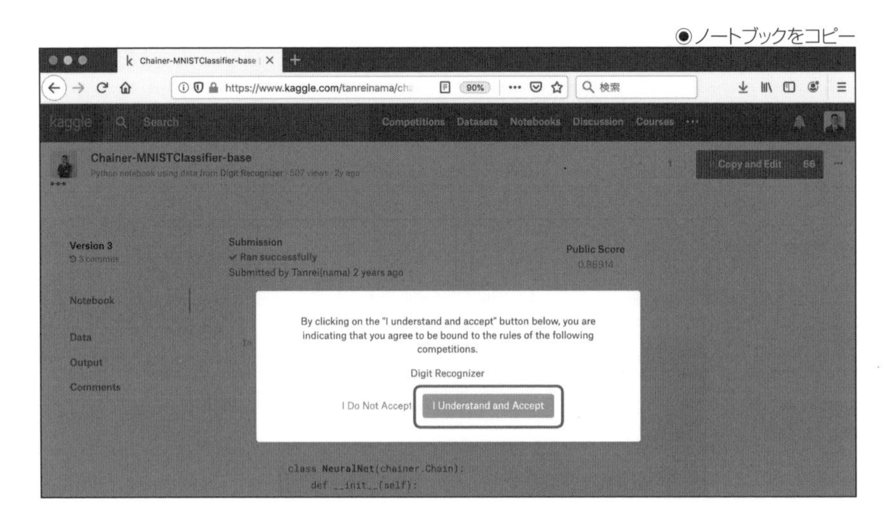

そうすると、ノートブックのコピーが作成されるので、右上にある「Commit」をクリックします。

◉ノートブックをコミット

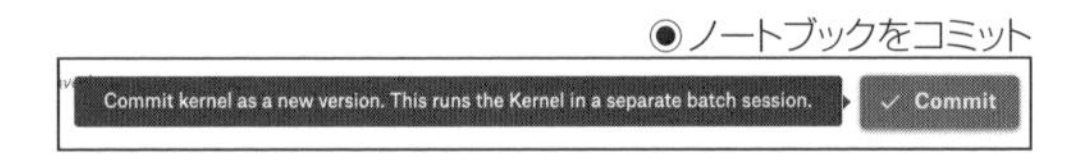

◆解析結果を提出する

そうすると、ノートブックのコピーを自分のノートブックとして保存されます。

ノートブック内のソースコードが問題なく実行されると、次のようにダイアログ内に「Complete」と表示されます。

◉コミット成功

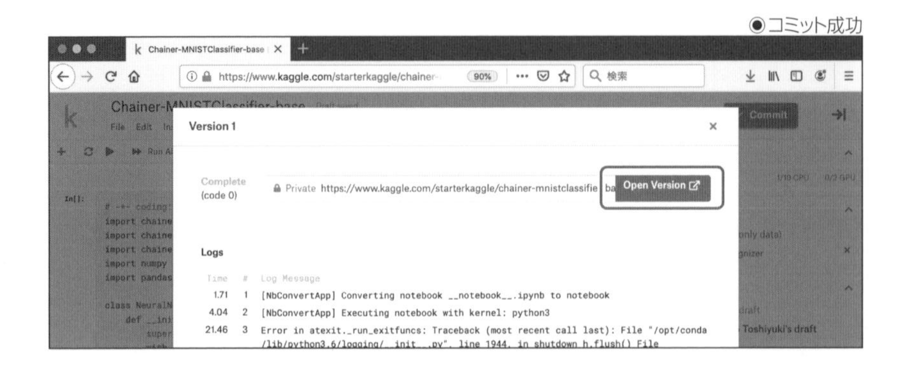

そして、ダイアログ内の「Open Version」をクリックすると、先ほどコミットしたバージョンのノートブックが開きます。

●自分のノートブック

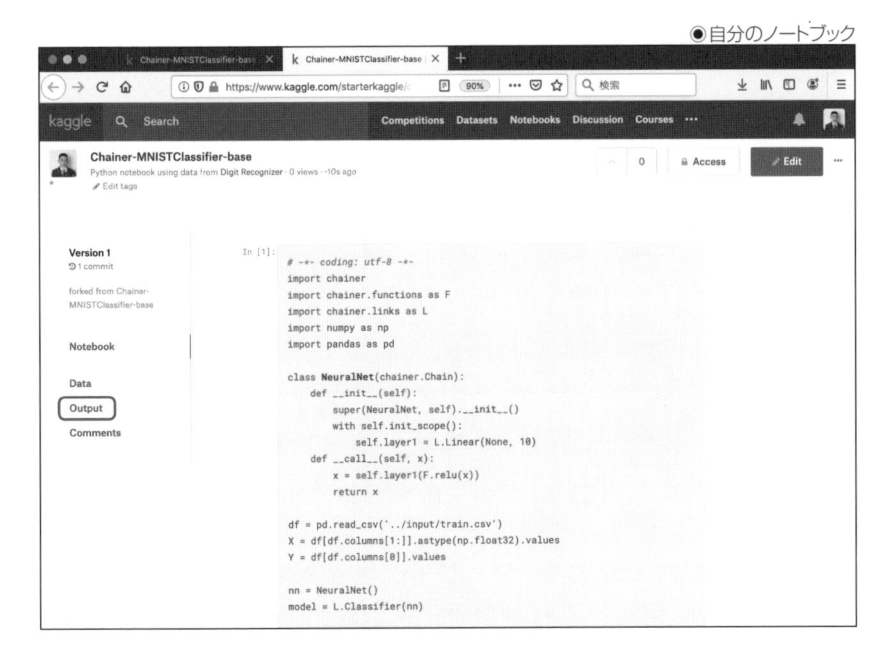

そして、左側にある「Output」をクリックすると、次のようにノートブックが出力したファイルが表示されます。

ここでは「Output Files」の欄に「submission.csv」というファイルがあるはずなので、それを選択し、画面右側にある「Submit to Competition」をクリックします。

◉出力されたファイル

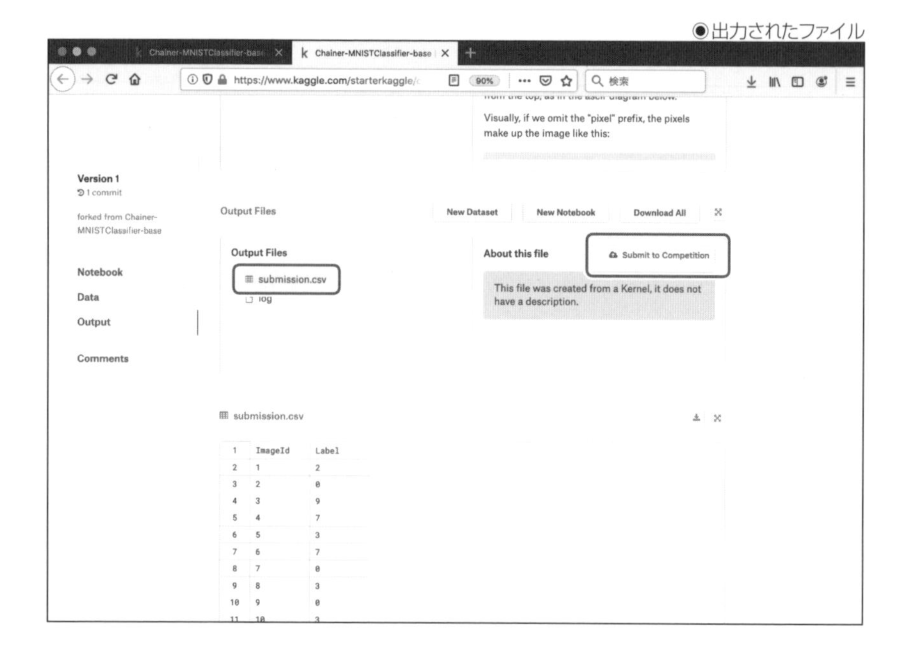

するとコンペティションのリーダーボードに画面が遷移し、ノートブックから作成したファイルがコンペティションに提出されます。提出されたファイルは自動でスコアを計算され、コンペティションにおける中間順位が求められます。

◉ファイルの提出

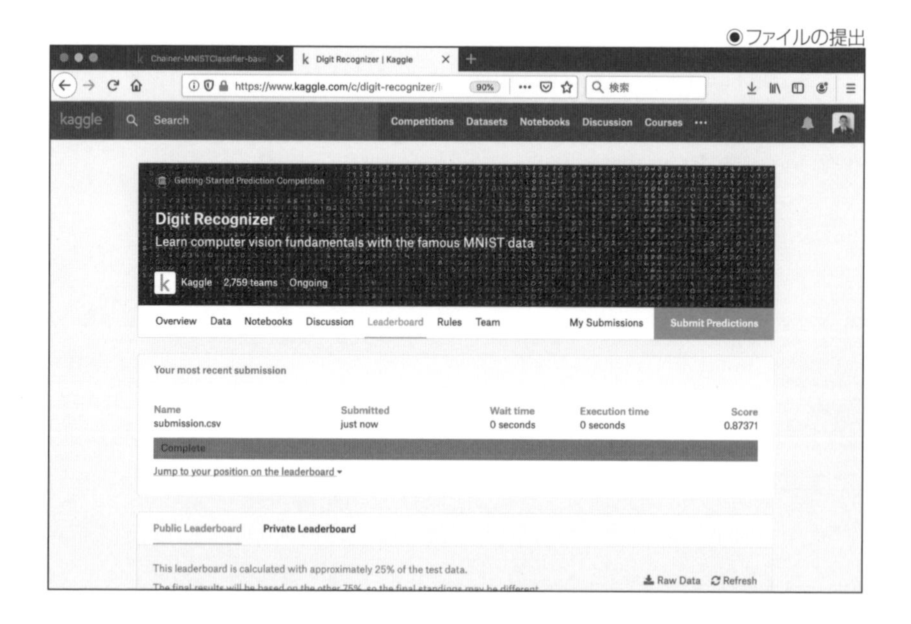

◆ソースコードの解説

さて、先ほどコピーしたノートブックのソースコードは、次のようになっています。

```
# -*- coding: utf-8 -*-
import chainer
import chainer.functions as F
import chainer.links as L
import numpy as np
import pandas as pd

class NeuralNet(chainer.Chain):
    def __init__(self):
        super(NeuralNet, self).__init__()
        with self.init_scope():
            self.layer1 = L.Linear(None, 10)
    def __call__(self, x):
        x = self.layer1(F.relu(x))
        return x

df = pd.read_csv('../input/train.csv')
X = df[df.columns[1:]].astype(np.float32).values
Y = df[df.columns[0]].values

nn = NeuralNet()
model = L.Classifier(nn)

train_iter = chainer.iterators.SerialIterator([(X[i],Y[i])\
    for i in range(len(X))], 200, shuffle=True)
optimizer = chainer.optimizers.AdaDelta()
optimizer.setup(model)
updater = chainer.training.StandardUpdater(train_iter, optimizer, device=-1)
trainer = chainer.training.Trainer(updater, (5, 'epoch'), out="result")
trainer.extend(chainer.training.extensions.LogReport())
trainer.extend(chainer.training.extensions.PrintReport(\
    ['epoch','main/loss','main/accuracy']))
trainer.run()

df = pd.read_csv('../input/test.csv')
df.head()
result = nn(df.astype(np.float32).values)
result = [np.argmax(x) for x in result.data]
df = pd.DataFrame({'ImageId': range(1,len(result)+1),'Label': result})
df.to_csv('submission.csv', index=False)
```

必要なパッケージをインポートする

ニューラルネットワークのモデルを定義する

学習用データを読み込む

ニューラルネットワークを作成する

ニューラルネットワークを学習させる

学習用データを読み込む

このソースコードには、Chainerというフレームワークを使用して、単純な1階層のニューラルネットワークを作成する内容が含まれています。

ソースコードの一番上には、必要なパッケージをインポートする箇所があります。ここで「import chainer」としているのは、Chainerというフレームワークを使用するためです。

そしてその下に、ニューラルネットワークの定義があります。ニューラルネットワークの定義は、上記のコードにおける次の部分が該当します。

```
class NeuralNet(chainer.Chain):
    def __init__(self):
        super(NeuralNet, self).__init__()
        with self.init_scope():
            self.layer1 = L.Linear(None, 10)
    def __call__(self, x):
        x = self.layer1(F.relu(x))
        return x
```

これは、入力と出力を直接繋ぐ、最も単純な1階層のニューラルネットワークを表しています。

このコンペティションで扱うのは、28ピクセル×28ピクセルのモノクロ画像なので、784個のデータが入力データとなり、画像の種類である10個が出力データとなります。

ニューラルネットワークの定義の後には、「train.csv」からコンペティションの学習用データを読み込んでニューラルネットワークを学習させ、「test.csv」のデータを予測する結果を作成し、「submission.csv」に保存するコードがあります。

学習のための細かい部分は、Chainerの機能を呼び出していて、ここでは詳しい解説はしません。Chainerのホームページなどを参照してください。

「train.csv」および「test.csv」はコンペティションが提供するデータなので、「../input」ディレクトリ内に配置され、「submission.csv」はノートブックが出力する結果ファイルなので、そのままノートブックのホームディレクトリに保存します。

◆スコアを向上させる

さて、このニューラルネットワークは、より階層の深いモデルを使用することで、認識精度を向上させることができます。

まず最初に、1階層のニューラルネットワークを3階層に変更してみましょう。

◉3階層に変更

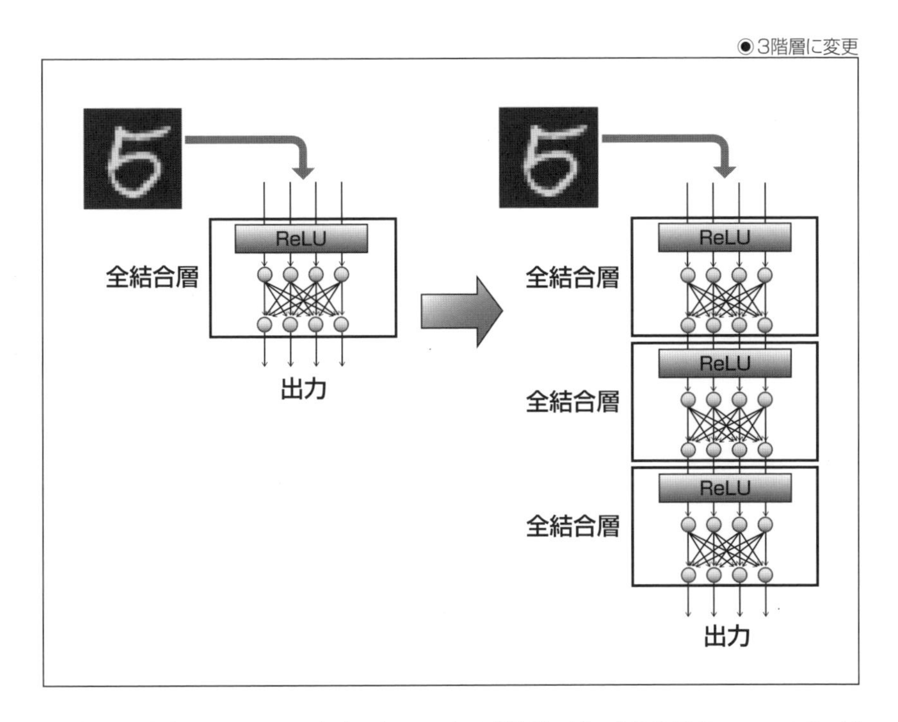

中間層となるニューラルネットワークの階層には、100個のニューロンが含まれるようにすると、そのモデル定義は次のようになります。

```
class NeuralNet(chainer.Chain):
    def __init__(self):
        super(NeuralNet, self).__init__()
        with self.init_scope():
            self.layer1 = L.Linear(None, 100)
            self.layer2 = L.Linear(100, 100)
            self.layer3 = L.Linear(100, 10)

    def __call__(self, x):
        x = self.layer1(F.relu(x))
        x = self.layer2(F.relu(x))
        x = self.layer3(F.relu(x))
        return x
```

ソースコードの該当部分を前ページのように変更し、新しいバージョンとして再びコミットします。

◉ニューラルネットワークのモデルの変更

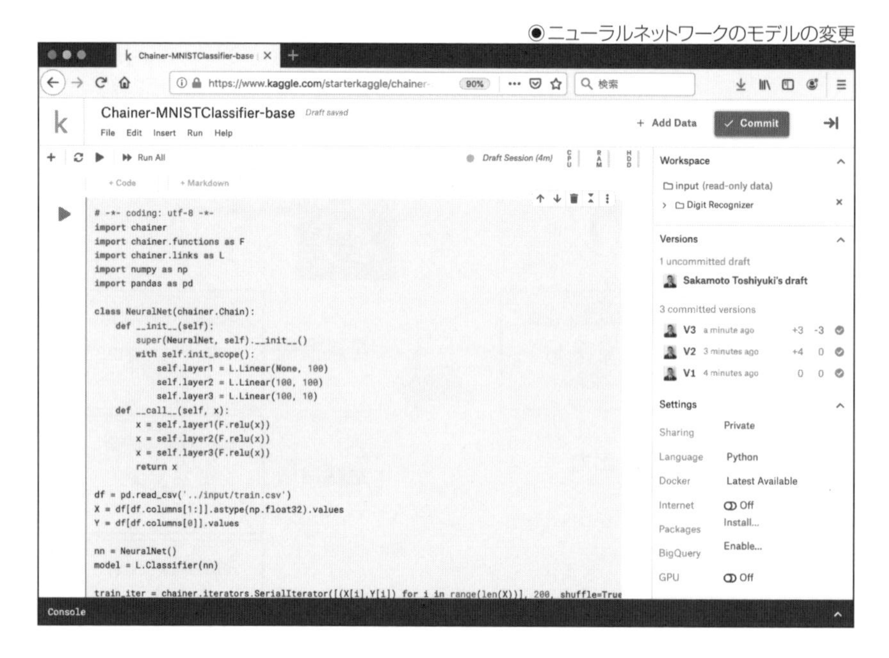

そしてその出力データを、コンペティションに提出します。

◉3階層のニューラルネットワークで解析した結果

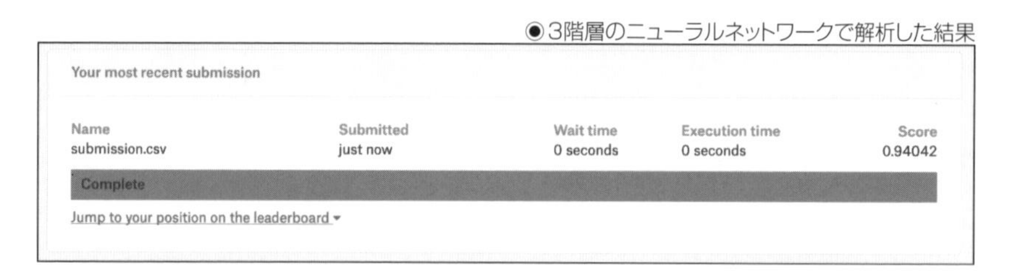

先ほどは0.87程度だったスコアが、0.93から0.94程度まで向上していることがわかります。

このように、使用する機械学習モデルや学習アルゴリズムをチューニングすることで、認識結果のスコアを向上させていく、というのがKaggleにおけるコンペティションの基本的な流れとなります。

◆畳み込みニューラルネットワークを使う

ニューラルネットワークのモデルをさらに改良することで、スコアをより向上させる余地はあるのでしょうか。

ここでは一例として、「畳み込みニューラルネットワーク」と呼ばれるニューラルネットワークを使用する方法を紹介します。

畳み込みニューラルネットワークは画像認識AIを作成する際に使用されるニューラルネットワークで、Chainerで実装するには、下記のように「L.Convolution2D」というクラスを使用します。

先ほどのノートブックをもとに、3階層の一番上の階層を畳み込み層に変更し、学習させるには、ソースコードを下記のように変更します。また、データを読み込んでいる箇所も、784個の一次元データではなく、色数を含めた1色×28ピクセル×28ピクセルの三次元データに変形します。

実際の変数に含まれる次元数は、データ数×1色×28ピクセル×28ピクセルの四次元データとなり、学習時と、結果の作成時の両方に「reshape」関数を追加することでデータの変形を行います。

```
(略)

class NeuralNet(chainer.Chain):
    def __init__(self):
        super(NeuralNet, self).__init__()
        with self.init_scope():
            self.layer1 = L.Convolution2D(None, 16, 5)
            self.layer2 = L.Linear(9216, 100)
            self.layer3 = L.Linear(100, 10)
    def __call__(self, x):
        x = self.layer1(F.relu(x))
        x = self.layer2(F.relu(x))
        x = self.layer3(F.relu(x))
        return x

df = pd.read_csv('../input/train.csv')
X = df[df.columns[1:]].astype(np.float32).values.reshape((-1,1,28,28))
Y = df[df.columns[0]].values

(略)

result = nn(df.astype(np.float32).values.reshape((-1,1,28,28)))
result = [np.argmax(x) for x in result.data]
df = pd.DataFrame({'ImageId': range(1,len(result)+1),'Label': result})
df.to_csv('submission.csv', index=False)
```

この状態で新しいバージョンとしてコミットし、結果を提出すると、次のようにスコアは0.97程度まで向上するはずです。

●畳み込みニューラルネットワークで解析した結果

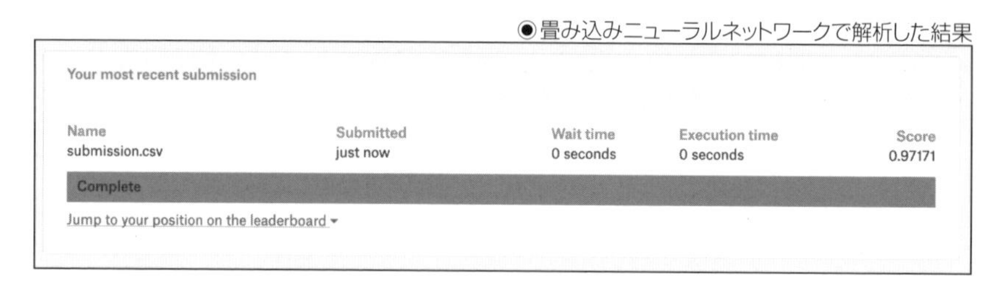

「Jump to your position on the leaderboard」をクリックすると、自分の提出したスコアがどの順位なのか、リーダーボード上で確認することができます。

●リーダーボード上の表示

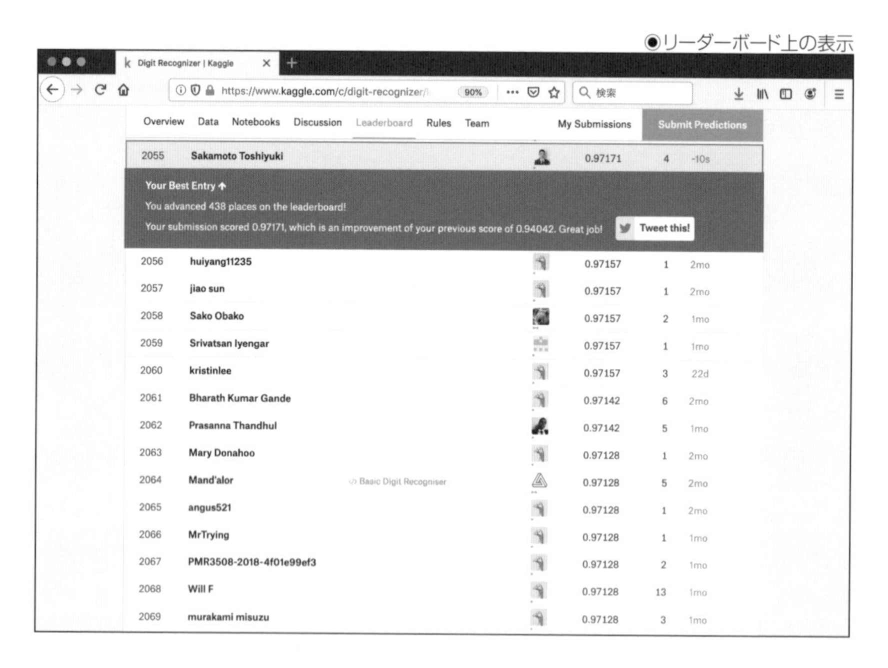

この程度のスコアではまだまだコンペティションの上位に入賞することはできませんが、Chainerのフレームワークでも、ニューラルネットワークのモデルや学習方法をチューニングすれば、まだまだスコアを向上させる余地があるので、この調子でさらに順位を向上させるべく、ソースコードを変更していってみてください。

Contributerへのランクアップ

さて、ノートブックの出力をコンペティションに提出し、リーダーボード上で順位が作成されれば、KaggleランクのContributerとなる要件が満たされたはずです。

再びユーザーのプロフィールページを開くと、次のようにランクを表すマークが、Contributerのものになっているはずです。

●メダルが増えた

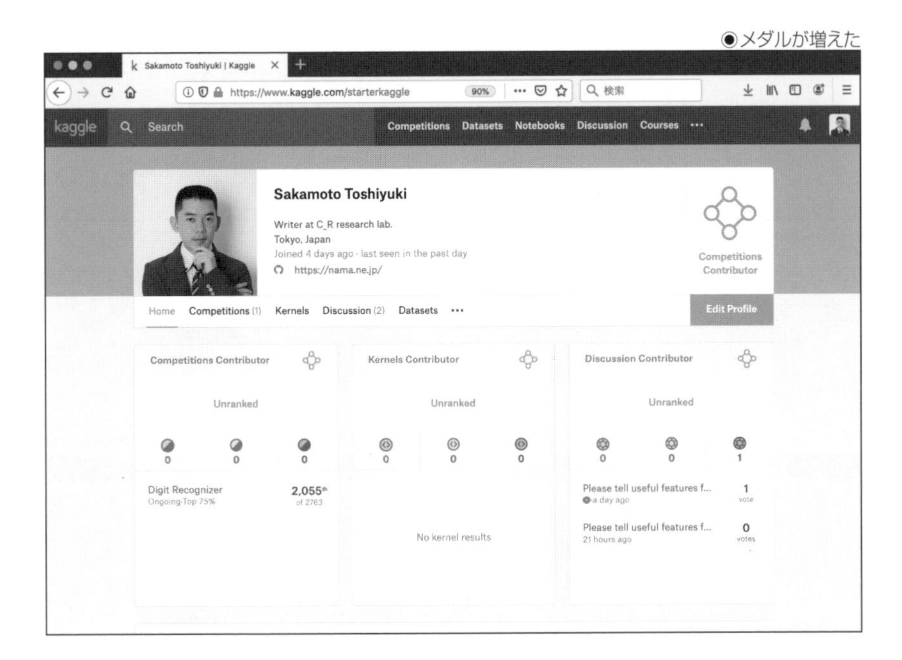

また、ディスカッションや公開ノートブックに表示されるプロフィール画像でも、丸の数が2つ(色は青)に増えており、ユーザーのランクが反映されているはずです。

◆はじめてのメダルをGETする

Kaggleのランキング制度上、より上のランクにランクアップするには、メダルを集めなければなりません。最もメダルを取りやすいのは、ディスカッションでのVoteをもらうことなので、まずはディスカッションに興味深そうなトピックを作成して、はじめてのメダルを入手することを目指しましょう。

ディスカッションページにトピックを作成する方法については、先ほど解説しました。作成したトピックにコメントが投稿されたり、Voteされたりした場合には、Kaggleのページ上で通知が発生します。

●Voteされた通知

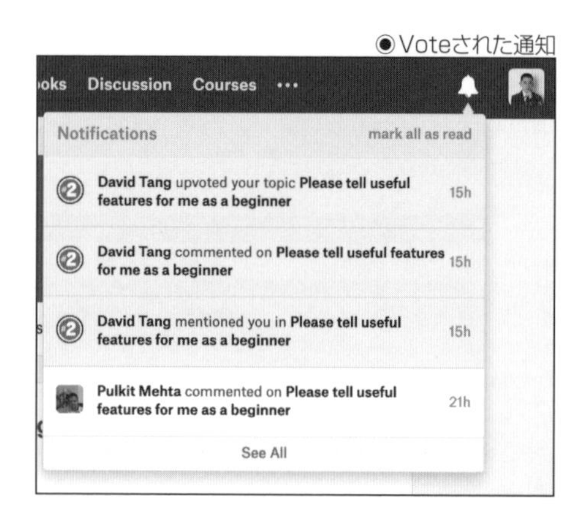

上図は、作成したトピックにコメントとVoteが付けられたときのものです。Voteが1つ以上あると、トピックに銅メダルが表示されることになります。

●Voteされたトピック

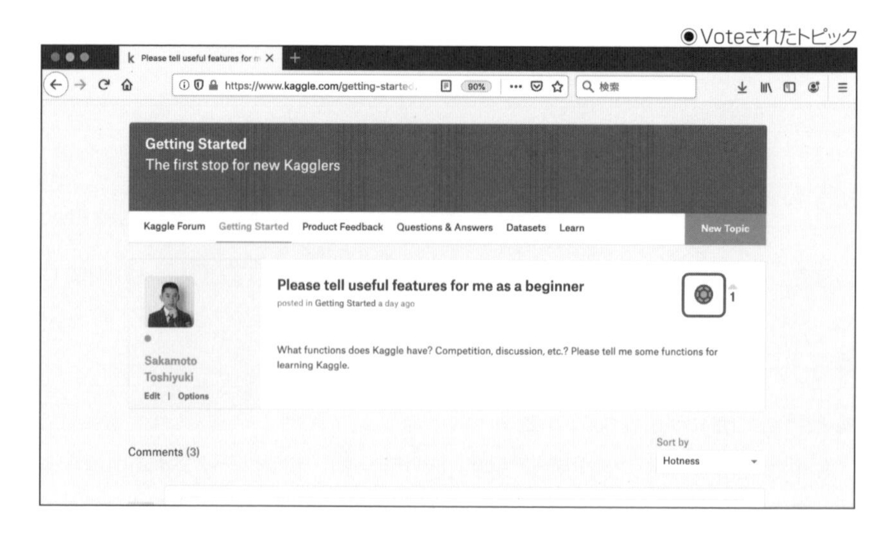

また、先ほどのユーザーのプロフィールページにも、入手したメダルの一覧が表示されます。

後は、各々の得意分野に従って、コンペティション、ノートブック、ディスカッションのいずれかでのExpertを目指して、メダルを集めていきましょう。

CHAPTER 03

ノートブックを使いこなそう

ノートブックとは

SaaS環境での機械学習

データ解析におけるスコアを競うコンペティションは、Kaggle以外でもいくつか主催されていますが、Kaggleがそれらとは異なり、データサイエンティストたちが集うポータルと呼べるサイトまで発展したのは、「ノートブック」(以前は「カーネル」と呼ばれていました)という仕組みの存在が大きいです。

ノートブックとは、Kaggle上で実行できる汎用の機械学習プラットフォームで、SaaS環境として利用できるプログラミング環境、と捉えておけば間違いありません。

●(再掲)ノートブックの仕組み

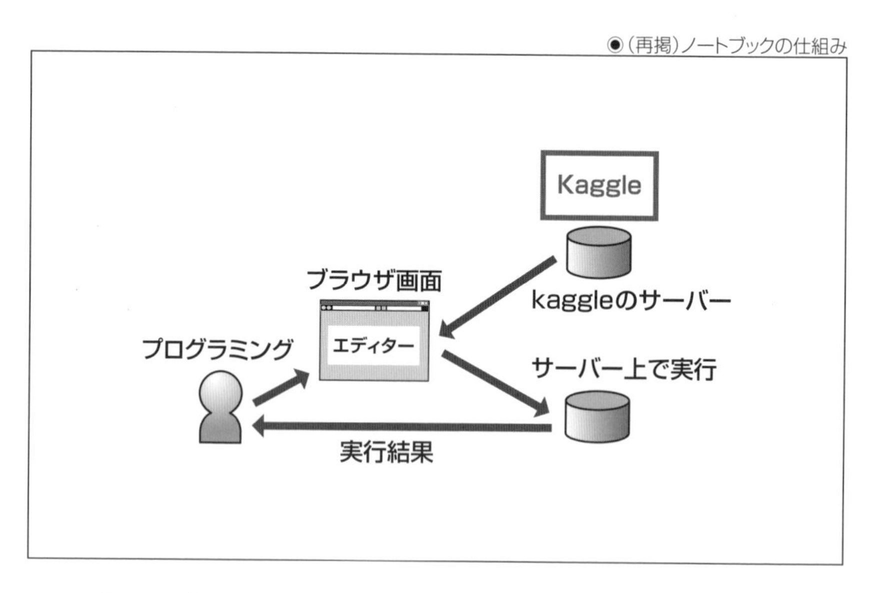

この「ノートブック」により、Kaggleは、単にコンペティションが開催されるときにのみアクセスし、データのダウンロードと成果物の提出のみを行うだけのサイトではなく、コンペティションに参加している期間中、あるいはコンペティションとは無関係なデータ解析においても、常にアクセスし続けるクラウドプラットフォームとして機能します。

Kaggleがここまで発展した背景には、そうした仕組みによるユーザーの滞留時間の長さというファクターがあることは、おそらく間違いないでしょう。

◆ノートブックでできること

ノートブックの基本は前述のように、SaaS環境で利用できるプログラミング環境なので、ノートブックでできることはデータ解析のためのプログラミング作業と、プログラムの実行が中心となります。

Kaggleにログインしたユーザーは、独自のノートブックを作成し、そのノートブック上で作業をします。ノートブック上ではPython言語かR言語によるプログラムを作成し、作成したプログラムはKaggleのサーバー上で実行されます。

現在では「ノートブック」という名前で呼ばれていますが、必ずしもJupyter Notebook的な開発環境のみを利用するのではなく、通常のテキストエディタライクなUIでプログラムを開発し、実行する開発環境も用意されています。

◉ノートブック上でのプログラミング

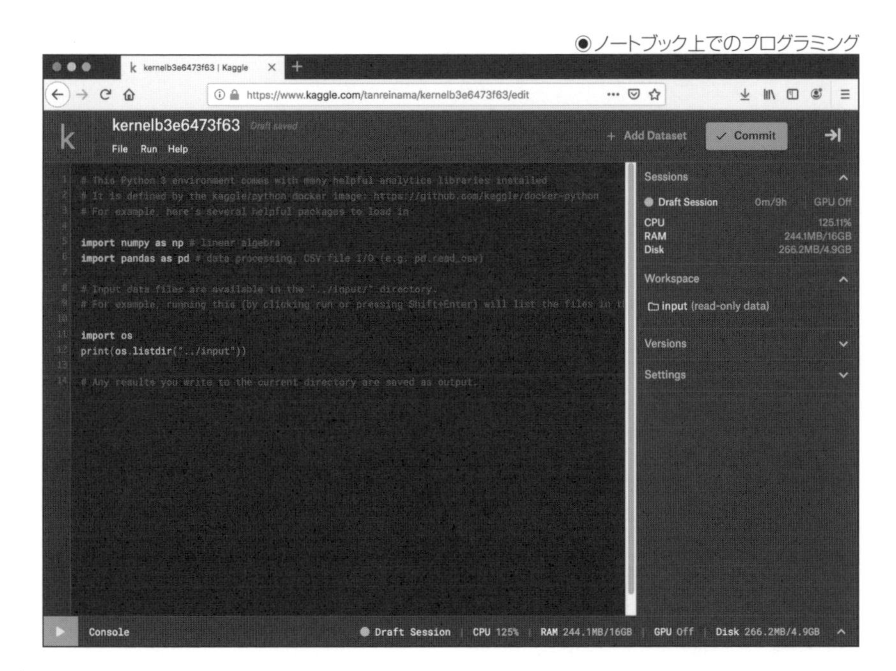

それだけを見るとノートブックという仕組みはごく一般的な技術のみから成り立っており、特筆すべきものはないように見えるかもしれません。

しかし、自前で機械学習のためのサーバー環境を構築してみるとわかりますが、機械学習に使用されるさまざまなソフトウェアやパッケージを、相互矛盾することなくすべてをインストールし、かつ最新の状態に保ち続けるには、相当な苦労と作業時間が必要となります。

さらに、機械学習によるデータ解析に耐えうるだけの性能を持ったサーバーを、これほどのユーザーに対して、しかも無料で提供するためには相当の資金が必要なはずで、KaggleがGoogleグループの一員としてAlphabet社傘下にいるということが、インフラ面での大きな支えになっています。

◆ノートブック制作者同士の交流

第2章でも紹介しましたが、Kaggleではユーザー同士の交流を盛んにするための仕組みが多々用意されており、公開されたノートブックに対しては、コメントや「Vote」でユーザー間の交流が発生します。

そうした交流を目的として、Kaggle上では、コンペティションとは別に、ただノートブックを作成して公開することを目的とする、というユーザーもいます。

下図はKaggle上でのノートブック一覧のページですが、コンペティション参加者が、コンペティションの問題を解くために作成したノートブック以外にも、Kaggle上のデータセットを利用して自分のソリューションを紹介したり、アルゴリズムの解説を行うために作成されたノートブックがあります。

●公開ノートブックの一覧

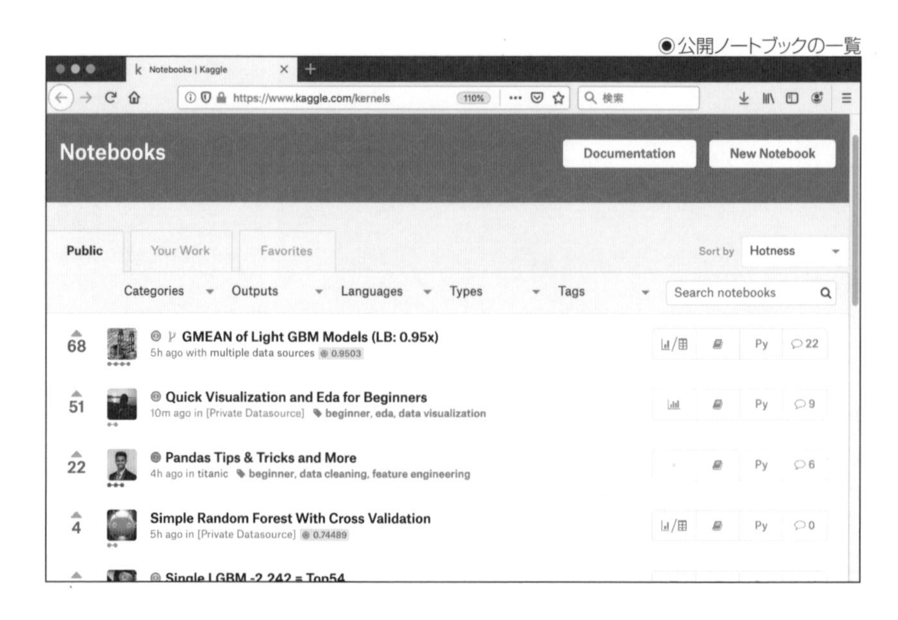

そうして作成されたノートブックは、さながら技術者が自分の技術を見せびらかし自慢するための、ショーケースのような様相を示しており、技術のキャッチアップという意味でも優れた場になっています。

◆ノートブックによる技術のキャッチアップ

ここで、実際にそのように(コンペティションの問題を解くためではなくアルゴリズムの解説のために)作成されたノートブックを紹介しておきましょう。

「Gradient boosting simplified」[1]というタイトルのノートブックは、ノートブック一覧から「Gradient boosting」(勾配ブースティング)で検索すると、最も人気のあるノートブックとして登場します。

このノートブックを開くとその先頭には、下図にあるように、「Gradient boosting from scratch」とノートブックの目的が解説されています。そこにあるように、このノートブックの内容は、勾配ブースティングと呼ばれる人気がある機械学習アルゴリズムを、スクラッチで作成することで、その動作原理を解説する、という内容になっています。

●Gradient boosting simplified

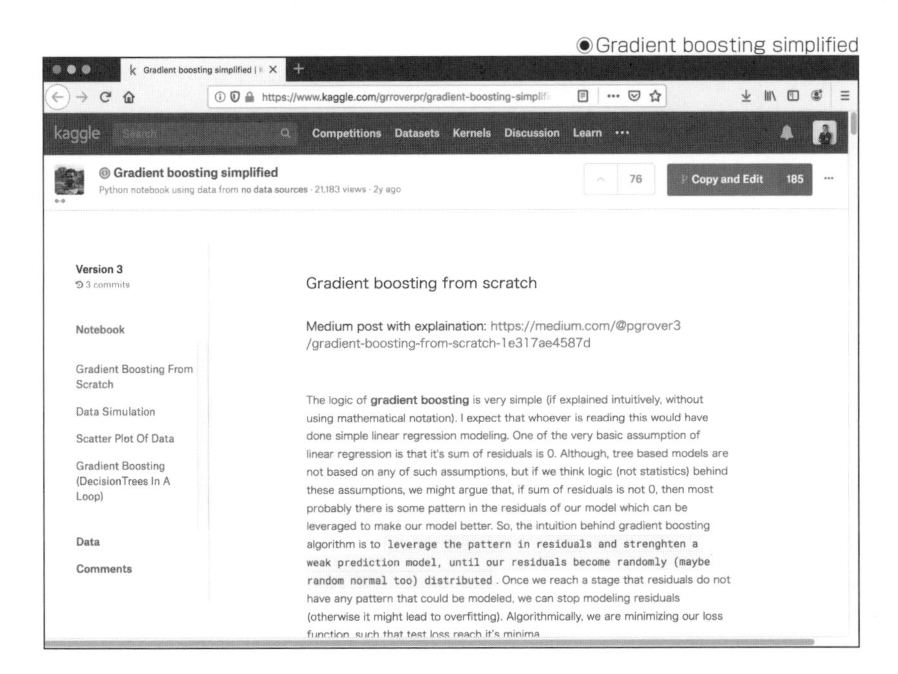

[1]:https://www.kaggle.com/grroverpr/gradient-boosting-simplified

このノートブックは、特定のコンペティションのために作られたものではなく、Kaggle上のデータセットを利用するものでもない、本当にソースコードと解説のみからなるノートブックです。

にもかかわらず、多数のVoteを得てシルバーメダルを獲得していることから、いかにこのノートブックが人気であるかがわかります。

下図は、ノートブック内のソースコード部分で、勾配ブースティングに必要な決定木という要素を実装している箇所です。

●勾配ブースティングのソース

勾配ブースティングはKaggleのコンペティションでは人気のあるアルゴリズムなのですが、ここでポイントなのは勾配ブースティングを利用するだけであればLightGBMやXGBoostなどより優れたライブラリが利用できるため、アルゴリズムを一から開発する必要はない、という点です。

そのため、コンペティションに参加するためのノートブックでは、一般的にそうしたライブラリを使用し、勾配ブースティングのアルゴリズムを一から実装することはまずありません。なぜかというと、Python言語やR言語で機械学習アルゴリズムを実装する場合、実行速度の面からどうしても不利になりますし、基本的に1つのソースファイルでプログラムを完成させなければならないノートブックでは、あまり凝ったアルゴリズムを実装することも難しいためです。

しかし、このノートブックでは、コンペティションには参加せず、代わりにJuputer Notebookの機能を生かして、ソースコードとその解説、そしてその実行結果をわかりやすく紹介しており、1つのノートブック内にアルゴリズムの詳細と可視化されたその動きが明確に提示されています。

下図は、ノートブック内に提示された勾配ブースティングの動作を示す図ですが、グラフを作成するmatplotlibというライブラリと、Juputer Notebookの機能を使用して、ノートブック内に動作を可視化する図を貼り付けている様子が見て取れます。

●勾配ブースティングの動作

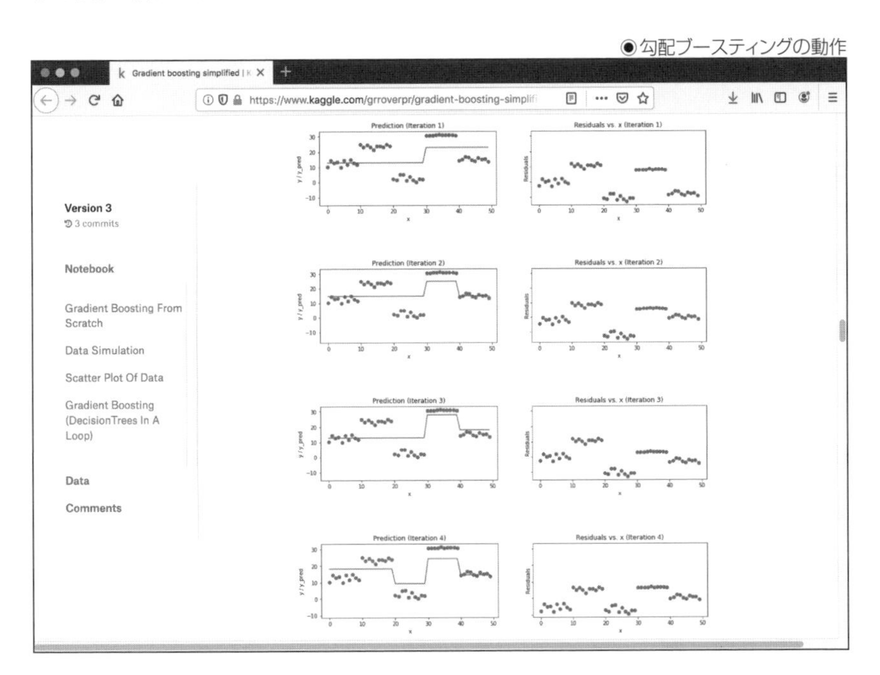

このノートブックは完全に勾配ブースティングの学習用に作成されたもので、コンペティションの問題を解くといった実用的な目的はありません。

このようなノートブックが人気となることからも、Kaggleにおけるノートブックという仕組みが、単なるコンペティションに参加するためのツールとしてではなく、ユーザー同士の交流や技術のキャッチアップといった、より広い目的で利用されていることがわかります。

◆ノートブック制作者のランキング

そしてKaggleにおけるユーザー同士の交流には、常に競争という要素も含まれています。

CHAPTER 02で紹介したKaggleのランキングシステムは、コンペティションの結果からなるランキングだけではなく、ノートブックとディスカッションの結果からなるランキングも含まれています。

そして、それぞれの結果は別のランキングになっており、コンペティションのポイントからならコンペティションのエキスパート、ノートブックのポイントからならノートブックのエキスパートという風に、同じKaggleエキスパートであっても種類が異なっています。

◉ノートブックのランキング

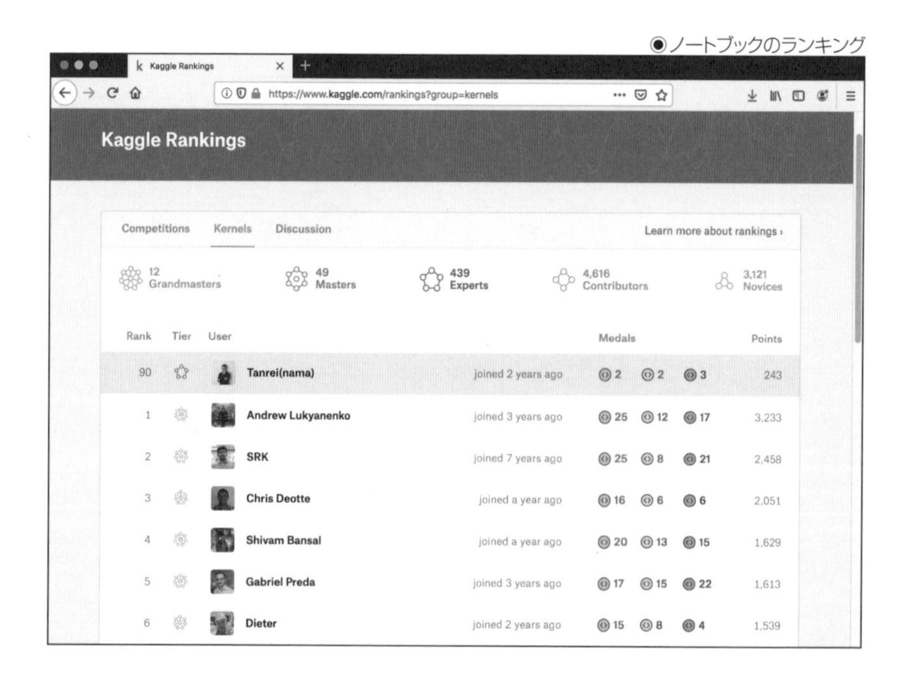

前ページの図のように、Kaggleのランキングページを開くと、コンペティション、ノートブック、ディスカッションそれぞれのタグごとにランキングが表示され、自分がどこに位置しているのかも見ることができます。

しかし、ランキング自体はコンペティション、ノートブック、ディスカッションで異なっていても、エキスパートやマスターといったランクの称号は共通で、名前の横に表示されるマークも同じなので、どのジャンルのランキングで獲得したものであっても、Kaggle上は、エキスパートは同じエキスパート、マスターは同じマスターという風に扱われています。

そのため、ユーザーは最も自分の特性に合ったランキングに注力することができます。

同じ機械学習を行うエンジニアであっても、モデルをチューニングしてコンペティションのスコアを上げていくことを喜びとする人もいれば、新しいアイデアを見せびらかしてソリューションの発見を自慢とする人もいるので、このようなランキングシステムは理にかなっているのではないでしょうか。

SECTION-07

ノートブックを使ってみる

スクリプトを使ってみる

それではここでは、実際にKaggle上でノートブックを作成し、その使い方を解説することにします。

なお、本書ではノートブックの作成や実際のプログラミング作業に必要となる、Python言語やR言語について、プログラミング言語の解説は行いませんので、プログラミングの知識については必要に応じて別途学ぶようにしてください。

◆スクリプトの作成

Kaggle上で作成できるノートブックには、「スクリプト」と「ノートブック」という2つの種類があります。名前がわかりにくいですが、以前はカーネルと呼ばれていた「ノートブック」の種類に、「スクリプト」と「ノートブック」の2種類があります。

このうち「スクリプト」は、通常のプログラミングと同じような、ソースコードをエディタで編集して、保存した後で実行する、という形式からなるノートブックです。プログラミング作業に慣れている、プログラマーからデータ解析の仕事を始めたようなエンジニアにとっては、わかりやすくとっつきやすいインターフェイスでしょう。

一方の「ノートブック」は、Jupyter Notebookをベースにした、インタラクティブな環境で、データ解析のためのコードを逐次実行できることが特徴です。

ここではまず、「スクリプト」のノートブックを作成します。

ノートブックを作成するには、何もデータを指定せずノートブックを作成する方法の他にも、コンペティションのページからそのコンペティションのデータを使用するように指定してノートブックを作成する、データセットのページからそのデータを使用するように指定してノートブックを作成する、などの方法があります。

この章では、前章と同じようにコンペティションに参加するために、コンペティションのページからノートブックを作成することにします。

まず、前章と同じく「Digit Recognizer」[2]というコンペティションのページを開き、「NoteBooks」タブをクリックします。

◉ノートブック一覧

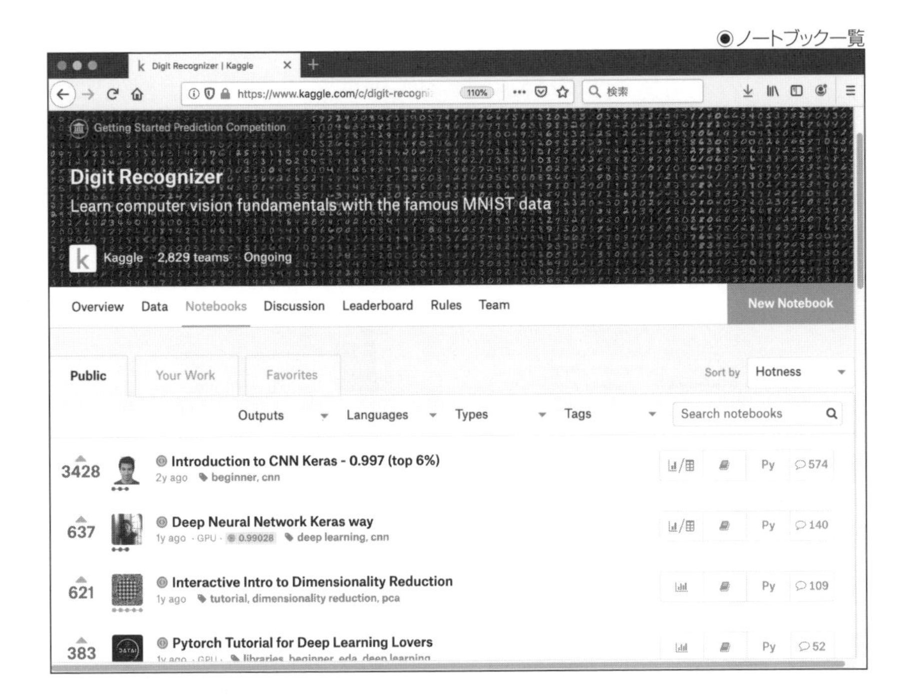

そうして表示されるページで、「New Notebook」をクリックすると、作成するノートブックの種類を「スクリプト」か「ノートブック」から選ぶポップアップが表示されるので、「Script」を選択します。

[2]:https://www.kaggle.com/c/digit-recognizer

●ノートブックタイプの選択

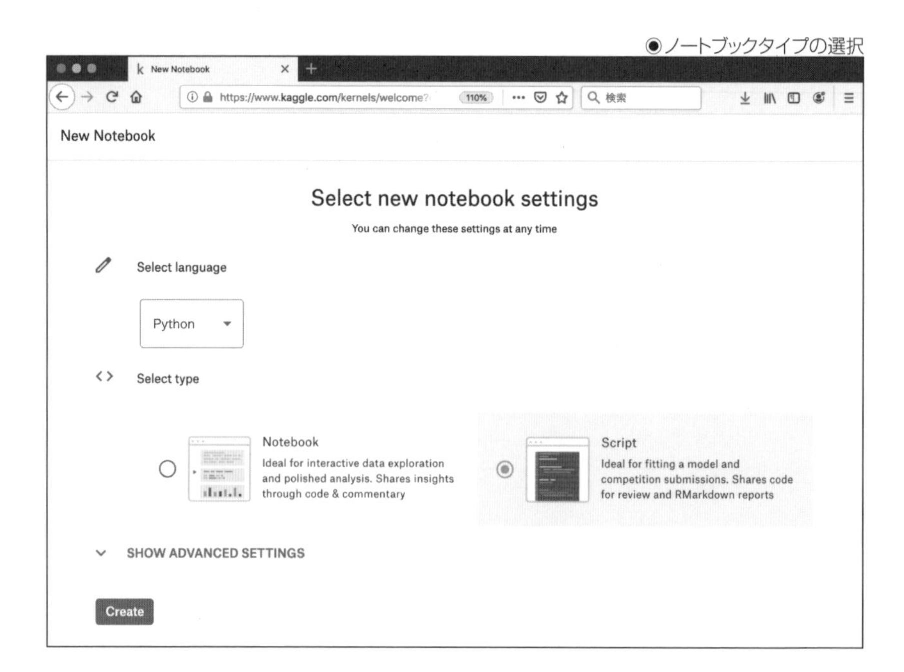

すると新しいノートブックが作成され、次の画面が表示されます。

●ノートブックの編集画面

なお、前章と同様の注意点ですが、Kaggleでは使用するPCの画面解像度に合わせて割と大胆にレイアウトを変更するインタラクティブデザインを採用しているので、紙面上のキャプチャーと実際の画面表示が異なっていることがあります。その場合は、キャプチャーではなく実際の画面上の表示を優先させてください。

◆ノートブックの編集

スクリプト編集の画面は、プログラミング作業を行うエディタと似ており、複雑な機能がない分、直感的に理解しやすいでしょう。

まず、編集画面の上部には、ノートブックのタイトルを入力します。初期値では「kernel10b0088d0f」のようなランダムなIDとなっていますが、わかりやすい名前を(英語で)入力します。

その下には、ソースコードを編集するエリアがあり、初期状態では、次のコードが作成されています。

```
# This Python 3 environment comes with many helpful analytics libraries installed
# It is defined by the kaggle/python docker image: https://github.com/kaggle/docker-python
# For example, here's several helpful packages to load in

import numpy as np # linear algebra
import pandas as pd # data processing, CSV file I/O (e.g. pd.read_csv)

# Input data files are available in the "../input/" directory.
# For example, running this (by clicking run or pressing Shift+Enter) will list all files
under the input directory

import os
for dirname, _, filenames in os.walk('/kaggle/input'):
    for filename in filenames:
        print(os.path.join(dirname, filename))

# Any results you write to the current directory are saved as output.
```

このコードはPython言語のプログラムで、NumpyとPandasパッケージを読み込み、「/kaggle/input」ディレクトリにあるファイルの一覧を表示するコードとなっています。

ノートブックでは、それぞれのノートブックごとに実行用の仮想マシンが作成されるので、異なるデータやコンペティション向けにいくつノートブックを作成しても、ノートブック側からは同じマシン環境とフォルダ構成でデータを扱うことができます。

「/kaggle/input」ディレクトリは、Kaggleのノートブックが入力データを配置するディレクトリの場所で、「../input」からもアクセスできます。

◆インライン実行

スクリプトを実行するには、画面下にある三角マークをクリックします。また、コードの一部を選択して、「Run」メニューにある「Run selection」を選択することで、選択部分のコードのみを実行することもできます。

実行ログを表示するには、画面下の右端をクリックし、画面下のペインを拡大させます。

●ログの表示エリア

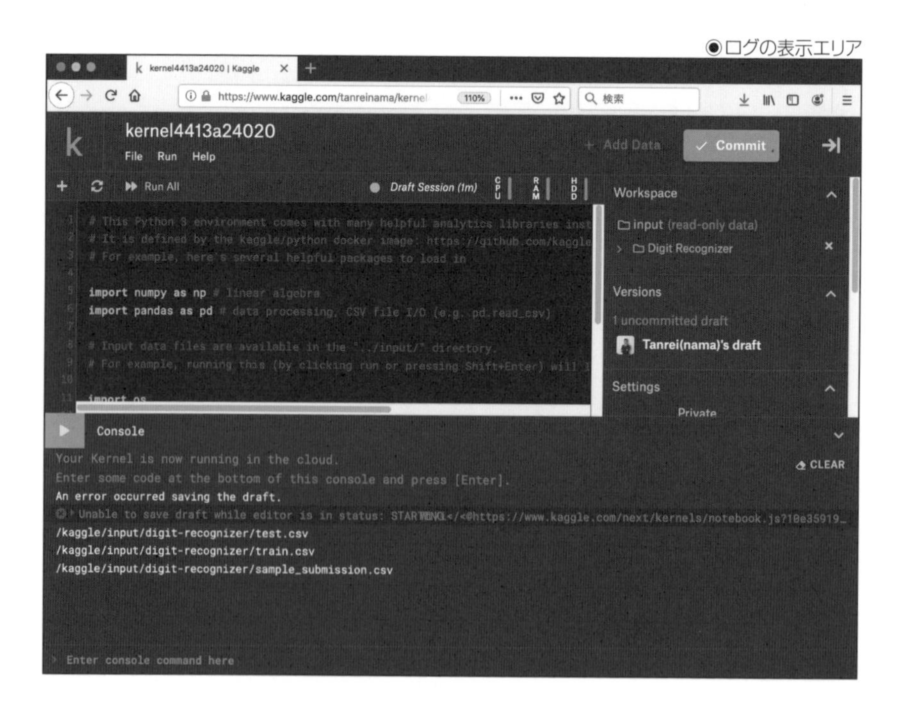

試しに、デフォルトのコードを実行すると、次の実行結果が表示されます。

```
/kaggle/input/digit-recognizer/test.csv
/kaggle/input/digit-recognizer/train.csv
/kaggle/input/digit-recognizer/sample_submission.csv
```

これは、ノートブックのデータを配置する「/kaggle/input」ディレクトリに、「digit-recognizer」というサブディレクトリがあり、その中に「train.csv」「test.csv」「sample_submission.csv」という3つのファイルが存在していることを表しています。

この3つのファイルは、コンペティションにおける最も基本的なデータセットで、「train.csv」が正解のラベル付きの学習用データ、「test.csv」が正解のラベルが存在しない解析対象となるデータ、そして「sample_submission.csv」は提出するデータのひな形となります。

なお、「digit-recognizer」というサブディレクトリは、以前のKaggleの仕様では、1つだけのデータセットしか利用しない場合は存在しませんでした。

つまり、以前の仕様では、コンペティションのデータのみを扱う場合、データファイルは「../input/train.csv」「../input/test.csv」「../input/submission.csv」からアクセスできましたが、現在の仕様では「../input/digit-recognizer/train.csv」「../input/digit-recognizer/test.csv」「../input/digit-recognizer/submission.csv」という風に、必ずコンペティション名のサブディレクトリを付ける必要があります。

そのため、古いノートブックのソースコードをそのまま流用すると、現在では動かなくなっている場合があるので、注意が必要です(古いノートブックでも、Kaggleの機能でコピーして実行する場合は、同じディレクトリ内にデータが配置されます)。

◆データの確認

これらのファイルが、どのようなデータを保持しているかの説明は、コンペティションのページから「Data」タブをクリックすると読むことができます。

●コンペティションのデータの解説

前章でも紹介したように、このコンペティションは手書きの数字画像を画像認識して、そこに書かれている数字を提出するコンペティションです。

解説ページに書かれている内容は、認識するべき手書きの数字画像は28×28ピクセルのモノクロ画像であり、画像データ合計784画素が、csvファイルの「pixel0」～「pixel783」列に数値で記載されている、といものです。さらに「train.csv」内の「label」列には、その画像に書かれている数字の種類が記載されています。また、「sample_submission.csv」の内容は、「ImageId」列にその画像のIdが、「Label」列にその画像に書かれている数字の種類を記載したものとなります。

その内容を確認するために、簡単なプログラムを作成してログを表示させてみましょう。

Pandasパッケージの「read_csv」を使用してデータファイルを読み込み、「head」関数でその最初の5行を表示させます。

次のコードをスクリプト編集画面のエディタ部分に打ち込んで、実行してください。

```
import pandas as pd

print(pd.read_csv('../input/digit-recognizer/train.csv').head())

print(pd.read_csv('../input/digit-recognizer/test.csv').head())

print(pd.read_csv('../input/digit-recognizer/sample_submission.csv').head())
```

すると次のように、CSVファイルの内容が表示されます。

```
label  pixel0  pixel1   ...    pixel781  pixel782  pixel783

0     1       0       0    ...         0         0         0

1     0       0       0    ...         0         0         0

2     1       0       0    ...         0         0         0

3     4       0       0    ...         0         0         0

4     0       0       0    ...         0         0         0



[5 rows x 785 columns]

pixel0  pixel1  pixel2   ...    pixel781  pixel782  pixel783

0      0       0       0    ...         0         0         0

1      0       0       0    ...         0         0         0

2      0       0       0    ...         0         0         0

3      0       0       0    ...         0         0         0

4      0       0       0    ...         0         0         0
```

```
[5 rows x 784 columns]

ImageId  Label

0        1      0

1        2      0

2        3      0

3        4      0

4        5      0
```


◆ノートブックのコミット

それでは実際にデータ解析を行い、コンペティションに提出するデータを作成するノートブックを作成します。前章では既存のノートブックからコピーして作成しましたが、この章では一からプログラムを作成することにします。

ここで作成するのは次のプログラムで、100個のノードを持つ全結合層を3つ繋げたニューラルネットワークを使用して、画像データの分類を行うものになります。

```
import pandas as pd
from sklearn.neural_network import MLPClassifier



df = pd.read_csv('../input/digit-recognizer/train.csv')
col = ['pixel%d'%i for i in range(784)]

plf = MLPClassifier((100,100,100),max_iter=5)
plf.fit(df[col], df['label'])

df = pd.read_csv('../input/digit-recognizer/test.csv')
res = plf.predict(df[col])

df = pd.read_csv('../input/digit-recognizer/sample_submission.csv')
df['Label'] = res
df.to_csv('submission.csv', index=False)
```

前ページのコードを実行すると、「train.csv」の内容を利用して「MLP Classifier」クラスで定義されるニューラルネットワークを学習させ、「test.csv」の内容に対して実行します。そしてその結果を、「submission.csv」として保存します。

プログラミング作業としては以上ですが、ノートブックが作成したデータをコンペティションに提出するには、まずそのノートブックをコミットして、最初から実行し直さなければなりません。

プログラミング用語における「コミット」とは、Gitなどのバージョン管理システムにおいて、ソースコードの新しいバージョンを保存して、それまでのバージョンとは異なるタグを作成することを指します。

Kaggleのノートブックにも、同じようなバージョン管理の機能が存在しており、以前のバージョンを参照することができます。そのため、ソースコードが一通り完成したら、そのコードを「コミット」することで、後から参照できるバージョンとして保存します。

それには、上記のコードを作成し、実行エラーがないことを確認した後で、ノートブック編集画面の右上にある「Commit」をクリックします。

すると次の画面が表示され、ノートブックが新しいバージョンとしてコミットされます。

◉ノートブックのコミット

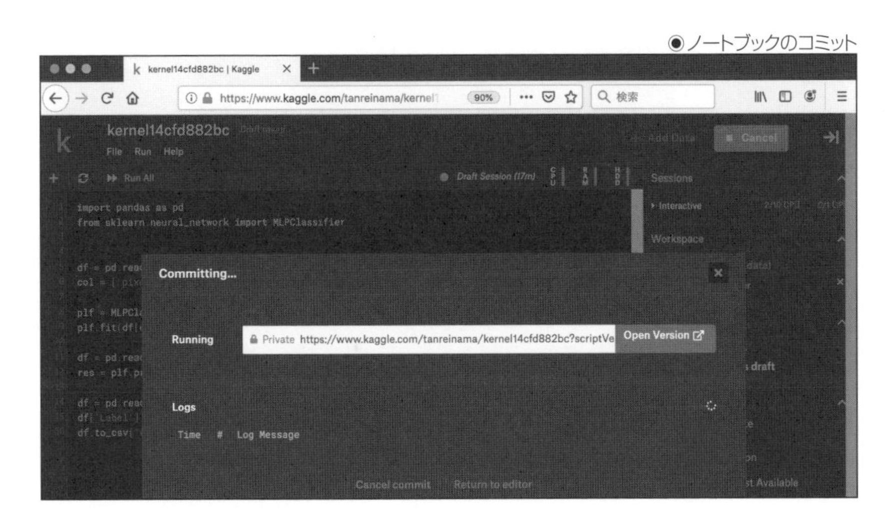

ノートブックをコミットとすると、一度はじめからノートブックのプログラムが実行され直すので、その実行が終わるまで待ちます。

◆実行結果の提出

ここで作成したニューラルネットワークのモデルは、100個のノードを持つ全結合層を3つ繋げた形のものなので、前章においてChainerを使用して作成し、最初に改良したものと同じモデルとなります。

ソースコード中の次の部分が、全結合型のニューラルネットワークを作るということ、そしてそのモデルは中間層として100個のノードを持つ層が3つあり、学習回数は5回、という定義を表しています。

```
MLPClassifier((100,100,100),max_iter=5)
```

ノートブックの実行が終わって「Open Version」をクリックすると、ノートブックの編集画面から次の画面に移動し、コミット済みのノートブックを表示する画面が表示されます。

●コミット済みのノートブック

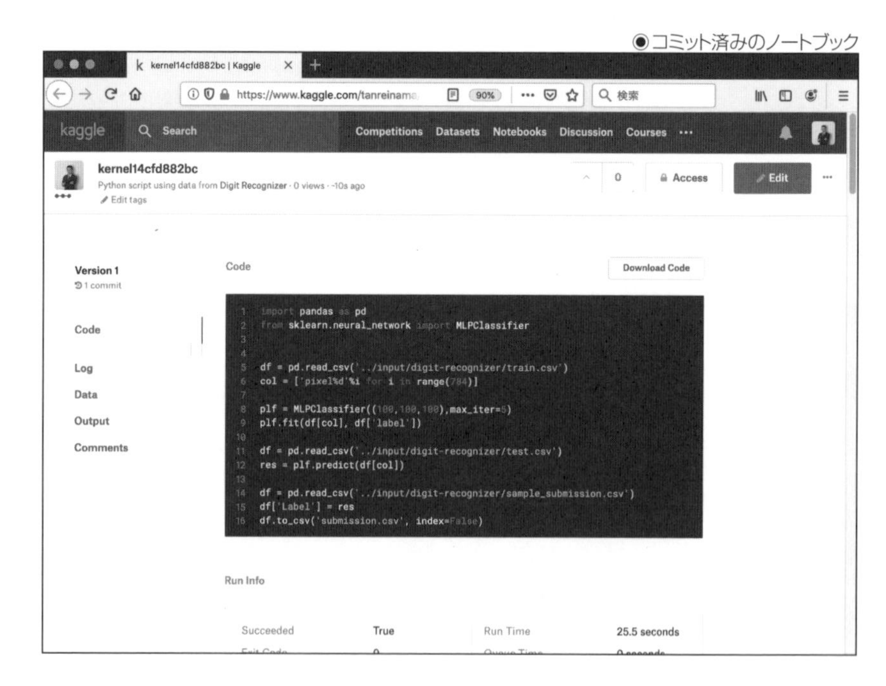

ここで、「Output」の項目に、ノートブックが生成したファイルが表示されます。

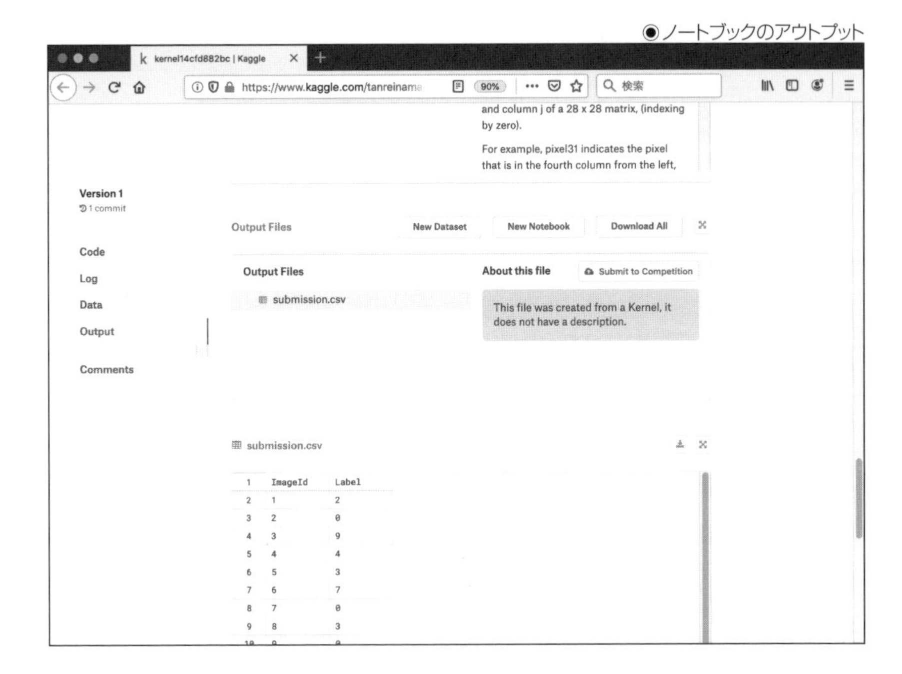

◉ノートブックのアウトプット

　コンペティションに提出するデータは「submission.csv」なので、前章と同じように、そのファイルを選択し、「Submit to Conpetition」をクリックします。

　すると今度はコンペティションのリーダーボードに移動し、提出したデータがスコアリングされます。

●解析結果の提出

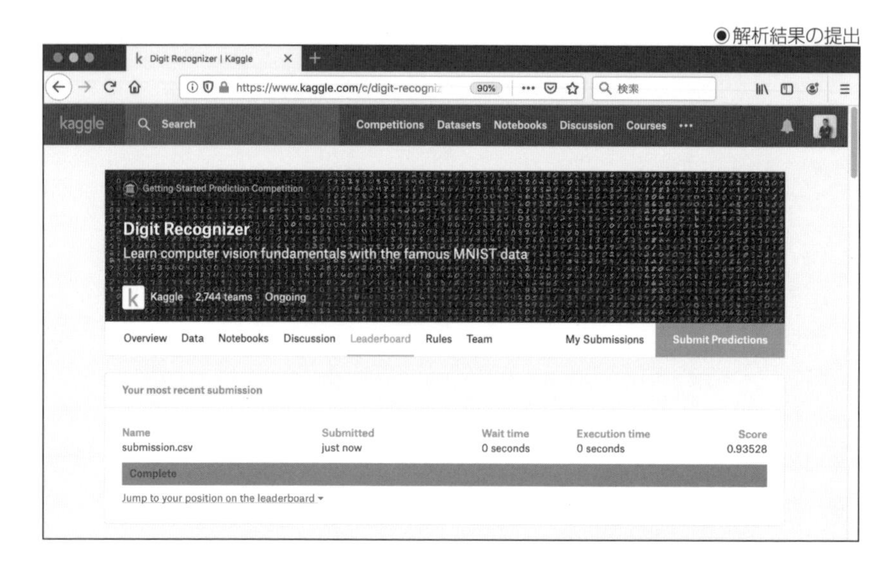

スコアリングが終わると、提出するデータのスコアが表示されます。

ここで作成したニューラルネットワークのモデルは、前章で作成して最初に改良したものと同じ3層の全結合型モデルで、学習回数も同じ5回なので、スコアもほぼ同じ、0.93から0.94程度となるはずです。

●コンペティションの順位

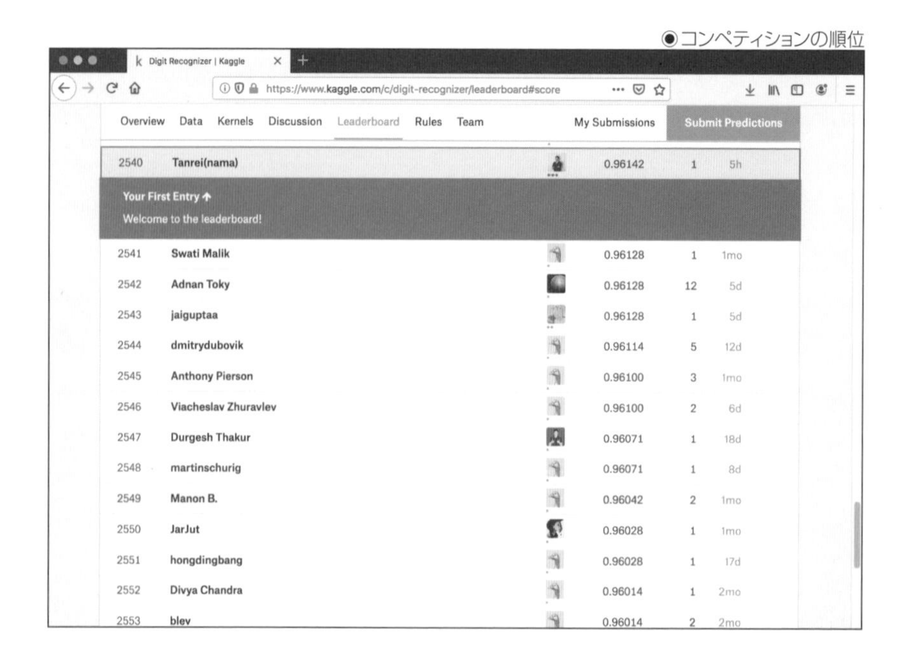

ノートブックを使ってみる

「スクリプト」は、通常のエディタによるプログラミングとスタイルが似ているので、プログラマーからデータ解析の分野に入った方には直感的でわかりやすいインターフェイスです。

一方でデータ解析の作業により向いているのは、「ノートブック」の方です。ノートブックは、Jupyter Notebookをもとに作成されたKaggle独自の開発環境で、Jupyter Notebookの「.ipynb」ファイルをアップロード/ダウンロードして利用することができます。

◆ノートブックの作成

まずは先ほどと同じように、コンペティションの「Kernel」タブから、「New Kernel」をクリックします。そして今度は、作成するノートブックの種類を選択するポップアップから「Notebook」を選択します。

◉ノートブック

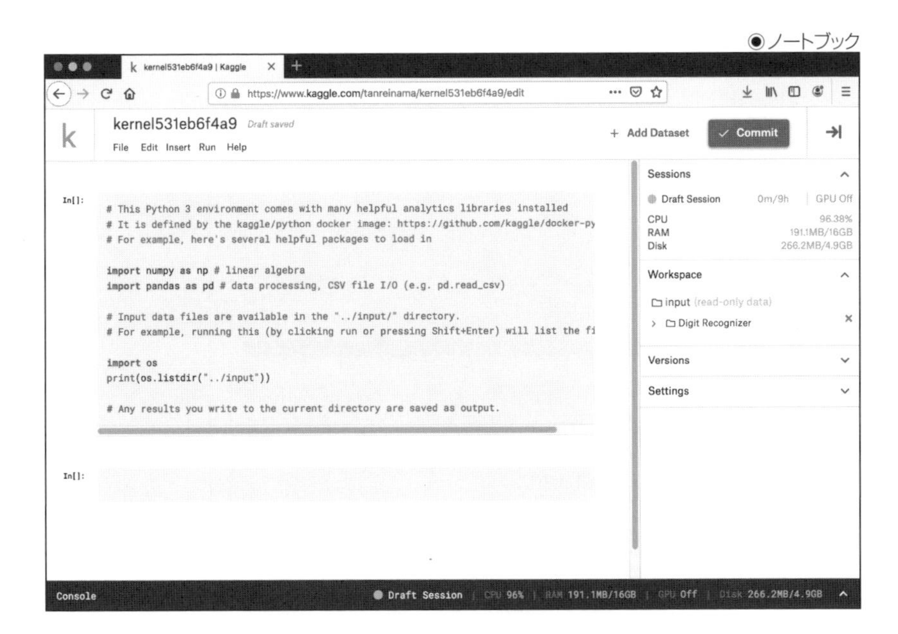

ノートブックでは、マークダウン言語による解説と、ソースコード、そしてソースコードの実行結果を同時に作成することができます。

ノートブックの基本となる機能はJupyter Notebookと同じですが、Jupyter Notebookに不慣れな方のために、ノートブックの基本的な機能について解説をしておきます。

まず、ノートブックでは、1つの「ノートブック」というファイル(「.ipynb」ファイル)を編集します。この「ノートブック」は、プログラムのソースコードとマークダウン言語による解説文を同時に保存したもので、画面上は解説文とソースコード、そしてその実行結果が同時に整形されて表示されます。

さらに、「ノートブック」内には複数のブロックを作成することができて、それぞれのブロックが、ソースコードまたは解説文となります。

ソースコードのブロックについては、ブロックを1つずつを対話的に実行することができて、セッション内でブロックの実行結果を引き継ぎます。そのため、すべてのブロックを上から順番に実行すれば、「ノートブック」内に作成したプログラムをすべて実行することに相当します。

◉ノートブックの基本

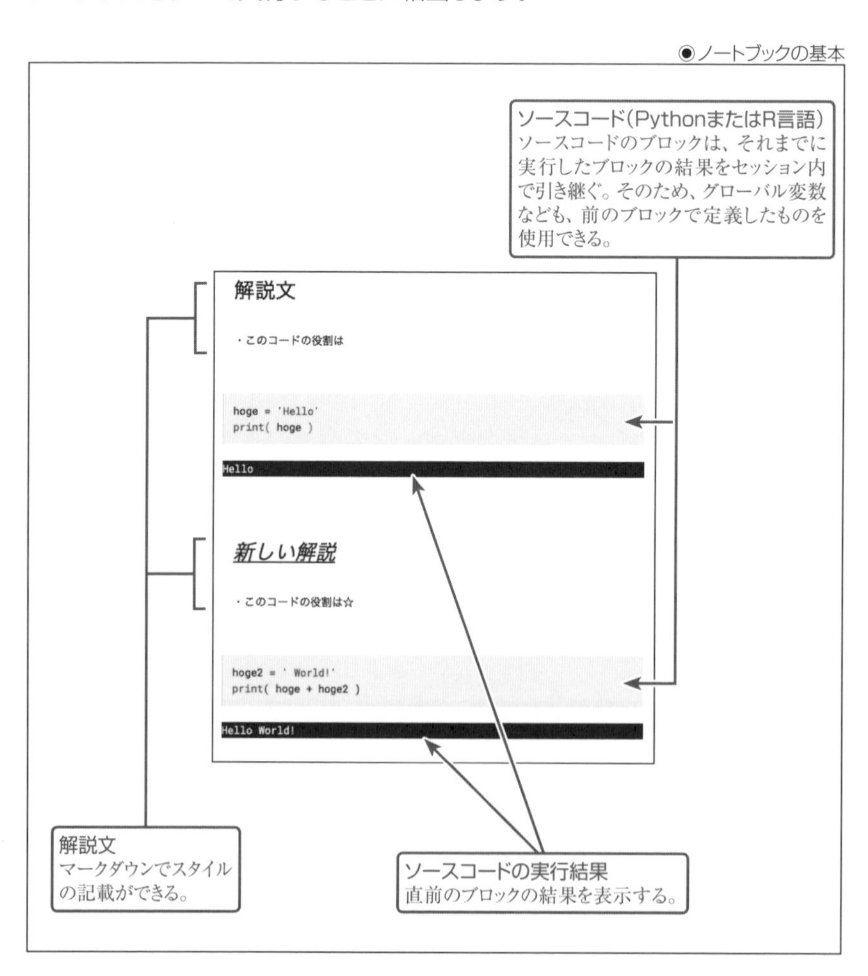

「ノートブック」の良いところは、プログラムの実行結果を確認しながらソースコードのブロックを作成していけることで、これにより、データ解析において解析結果を1つずつ確認しながらプログラム全体を作成することができます。

◆マークダウンの埋め込み

「ノートブック」に、新しいブロックを作成するには、ブロックの間にマウスカーソルを当てると表示される「+ Code」または「+ Markdown」をクリックします。

試しにマークダウン言語による解説文を作成するため、「+ Markdown」をクリックして解説文のブロックを作成します。

◉ブロックの作成

+ Code　+ Markdown
In[ ]:　Add a markdown text cell

作成したブロックには、次のようにマークダウン言語による解説文を記載することができます。マークダウン言語による解説文では、URLで指定すれば、画像なども貼り付けることができます。

◉マークダウン言語の挿入

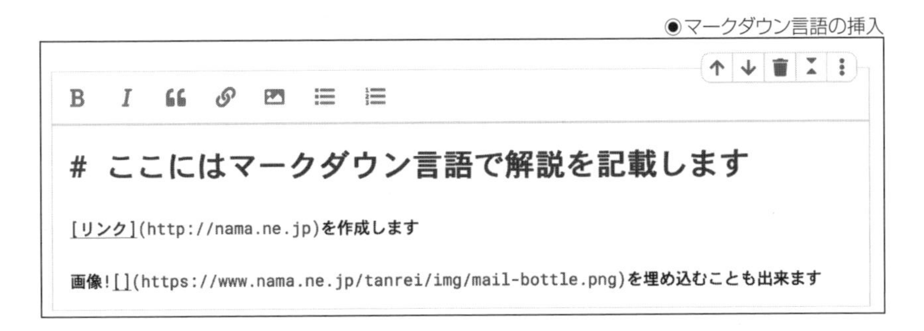

マークダウン言語による解説文のブロックは、編集した後では整形されてノートブック上に表示されます。

◉ノートブック上での表示

ここにはマークダウン言語で解説を記載します

リンクを作成します

画像

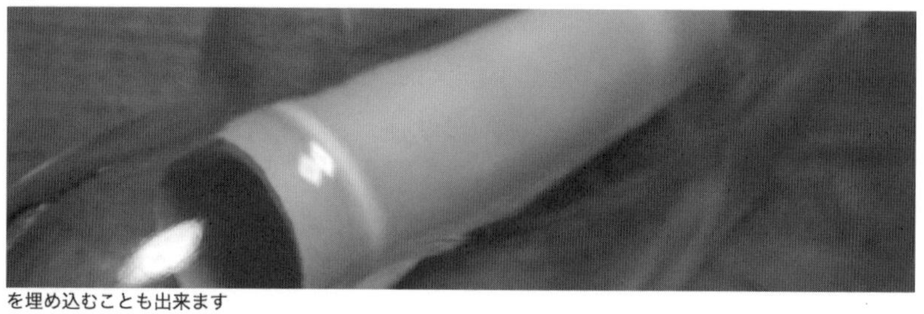

を埋め込むことも出来ます

◆ソースコードのブロックの実行

ソースコードのブロックも同じように作成します。

ソースコードのブロックを実行するには、そのブロックにカーソルを当てると表示される三角マークをクリックします。

◉ソースコードブロックの実行

```
# This Python 3 environment comes with many
# It is defined by the kaggle/python docker
# For example, here's several helpful packag

import numpy as np # linear algebra
import pandas as pd # data processing, CSV f

# Input data files are available in the "../
# For example, running this (by clicking run
```

また、ブロック内の一部分のみを選択すると、次のように三角マークにキャレットが付きます。この状態で三角マークをクリックすると、ブロック内の選択されている部分のみが実行されます。

◉選択部分だけ実行

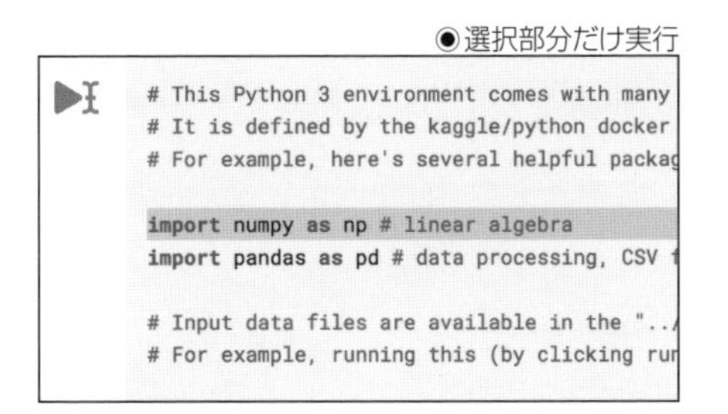

マークダウン、ソースコードの両方のブロックで、右上に表示されるメニューは、順番にそのブロックを前後に移動、ブロックを削除、ブロックを非表示、詳細メニューの表示、となっています。

◉ブロックのメニュー

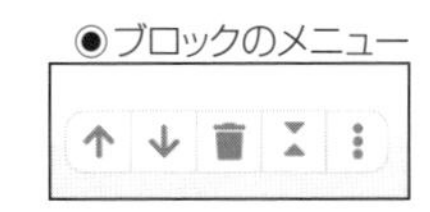

◆画像とグラフの表示

Kaggleのノートブックは、Jupyter Notebookと同じくソースコードのブロックの実行結果を整形して表示してくれます。整形可能なデータには、Pandasの表データやmatloptlibの図表データなどがあります。

たとえば、matloptlibの機能を使用して、ソースコードから画像を表示してみます。ノートブック内にソースコードのブロックを作成して、次のコードを実行してみてください。

```
import pandas as pd
import matplotlib.pyplot as plt

df = pd.read_csv('../input/digit-recognizer/test.csv')
im = df.iloc[0].values.reshape((28,28))

plt.imshow(im)
plt.show()
```

上記のコードはテスト用データに含まれている画像を1つ取り出して、matloptlibにより表示するコードです。通常のデスクトップ環境でこのコードを実行すると、matloptlibが画像を表示するウィンドウを立ち上げて、その中に画像を表示してくれるはずです。

Kaggleのノートブック上で前ページのコードを実行すると、次のように、ノートブック内にその画像が表示されます。

●画像の表示

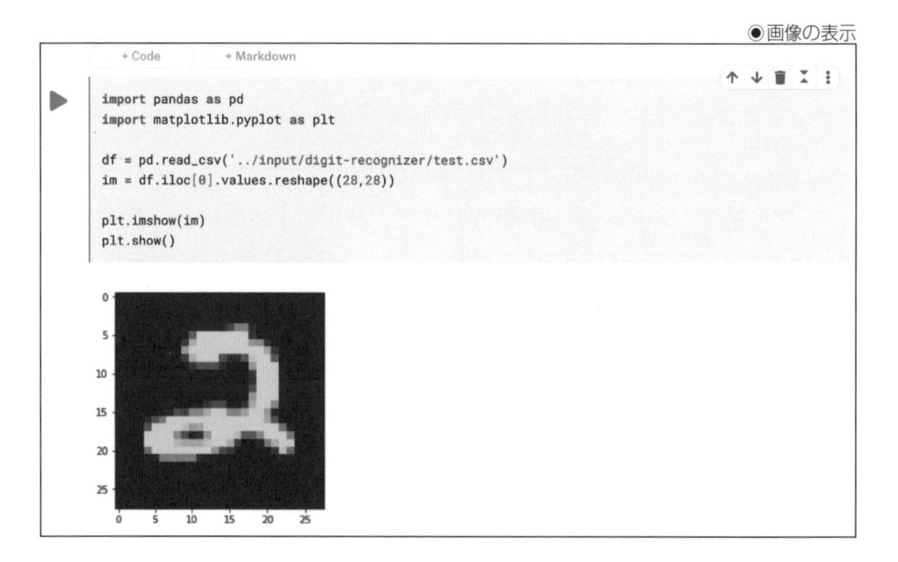

また、データ解析作業には必須となる、データの可視化においてもノートブックを利用することができます。Pandasの「hist()」関数を使用して、学習用データに含まれているラベルの数を、ヒストグラムにして表示させてみましょう。

```
df = pd.read_csv('../input/digit-recognizer/train.csv')
df.label.hist()
```

すると次のように、ノートブック内にヒストグラムのグラフが表示されました。

◉グラフの表示

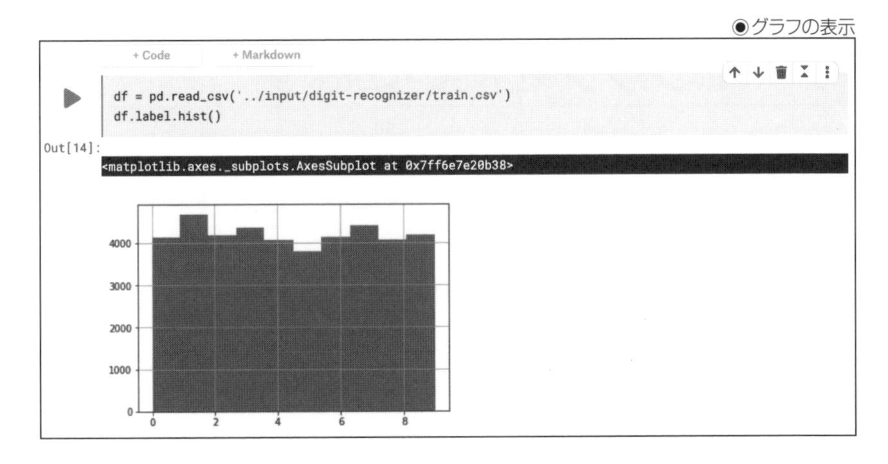

ノートブックにおいても、編集後にコミットした時点ですべてのコードが再実行されます。その後は、スクリプトノートブックの場合と同じように、ノートブックからの出力ファイルにアクセスすることができます。

ノートブックをコンペティションの問題を解くために使用している場合は、そのままノートブックからの出力ファイルをコンペティションに提出し、また、ノートブックを独自の解析のために使用している場合は、出力ファイルをダウンロードすることで、ノートブックによる解析の結果を独自に利用できます。

SECTION-08

ノートブックを使いこなす

ノートブックの設定

前節まででKaggleにおけるノートブックの基本的な使い方を解説しました。

ここではより詳細に、ノートブックを使いこなすための設定方法や、ノートブック上での開発におけるテクニックなどを紹介していきます。

◆公開・非公開の設定

まずは、スクリプト、ノートブックという種類にかかわらずに共通して設定できる、ノートブックの設定項目について解説をします。

この章の始めで紹介したように、Kaggleにおけるノートブックは、自分のソリューションやアルゴリズムを公開して他のKagglerたちに紹介するためのツールとして利用することができます。また同時に、ノートブックの内容を公開しないまま、独自のアルゴリズムによる解析のインフラとして利用することもできます。

そのために、ノートブックの公開・非公開を設定から行うことができます。

また、チームを組んで共通の開発を行うような場合には、ノートブックを特定のユーザーに対してのみ公開・共有することができます。

ノートブックを特定のユーザーに対して共有すると、そのユーザーは共同編集者となります。

ノートブックの設定項目は、ノートブック編集画面の右側にあるので、「Setting」というタイトルをクリックし、設定項目のペインを開きます。

●ノートブックの設定

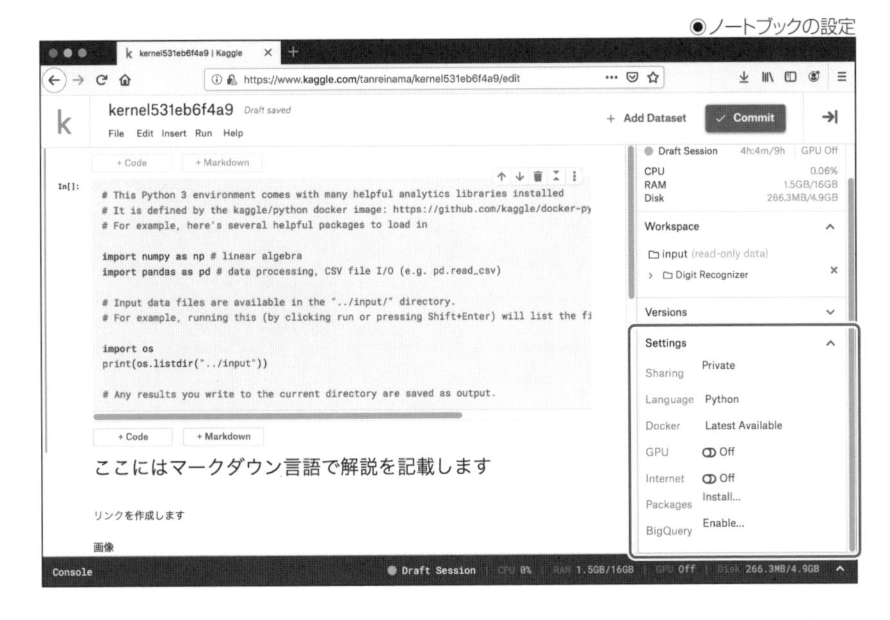

このうち、「Sharing」という項目をクリックすると、次のようにノートブックの公開・非公開を設定するポップアップが開きます。

ここで「Private」となっている選択項目を、「Public」とすると、ノートブックの内容はKaggle上で公開され、誰でも閲覧可能な状態になります。注意点として、Kaggleの規約上、ノートブックを公開状態にすると自動的にApache2.0ライセンスが適用されるので、その他のライセンス(GPLなど)を利用したい場合はKaggle上ではなくGitHubなどのプラットフォームを利用すべきでしょう。

◉ノートブックの公開設定

特定のユーザーのみに対してノートブックを公開したり、共同編集者としてノートブックを共有したい場合は、上記のポップアップ内でユーザーを検索し、共有先に追加します。

◆その他の設定

ノートブックの設定項目には、その他にもGPU利用の有無や、ネットワーク接続の有無、使用言語の設定などの項目があります。

たとえば、GPU搭載サーバーを使用して機械学習を行いたい場合は、設定項目の「GPU」をONにします。

◉GPUの設定

GPUの設定がOFFの場合とONの場合とでは、ノートブックの実行環境が若干異なることになる点に注意してください。

たとえば、GPUが存在することが前提のPythonパッケージである「cupy」などは、GPUがOFFの設定にした環境下では、パッケージそのものがインストールされていないことになっています。

◉GPUがOFFの場合

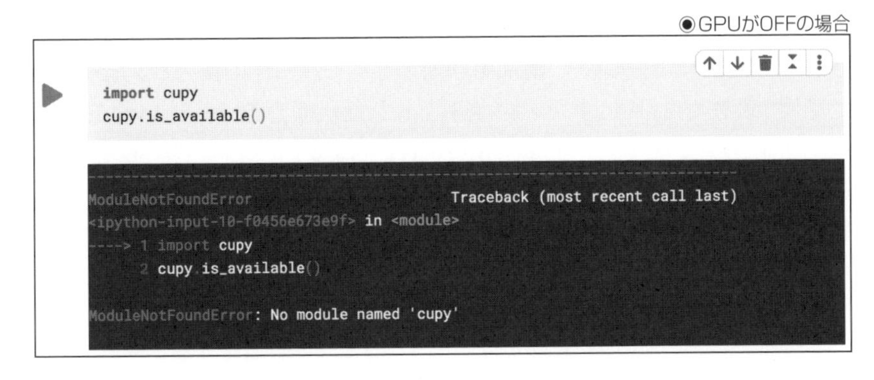

一方でGPUの設定をONにすると、「cupy」パッケージをインポートして利用することができます。

◉GPUがONの場合

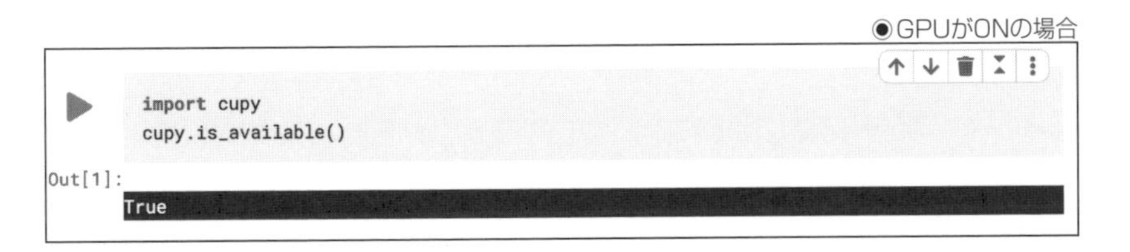

その他にも使用する言語の設定も、ノートブックの設定項目から変更することができます。

◉使用言語の設定

選択できる言語はPython言語かR言語のいずれかですが、こちらも当然、使用する言語の設定を変えれば、異なる環境としてノートブックが再構築されます。

◆GPUによる計算を実行できる時間

Kaggleのノートブックは、GPUオプションも利用することができて、機械学習用のGPUリソースを無料で利用できる、数少ないプラットフォームの1つとなっています。

以前はGPUを利用したとしても、無制限にノートブックを実行することができたのですが、Kaggleへの参加者が増えてサーバーへの負担が大きくなった結果、現在ではGPUオプションを有効にした状態でのノートブックの実行は、週30時間まで、という制限が付けられています[3]。なお、この週30時間までという制限は、1ユーザーに対してのもので、異なるノートブックを作っても実行時間の合計が週30時間までとなります。

◆ネットワーク・GCPを使用する

その他、インターネット接続を有効化するかどうかも設定できます。デフォルトの状態ではインターネット接続はOFFになっているので、必要であればONに変更します。

●ネットワーク接続の設定

Internet Off

インターネット接続については、プログラム上から直接スクレイピングなどを行う場合以外にも、パッケージの機能を利用する場合には必要となる可能性があるので注意してください。

たとえば、いくつかのディープラーニング用フレームワークでは、あらかじめ学習させた畳み込みニューラルネットワークのモデルを利用できるようになっていますが、そうしたモデルは、コードを実行する際にサーバーから一時ファイルを保存するフォルダにダウンロードするようになっています。

その他にも、自然言語解析で使用する形態素解析のパッケージなどでも、言語モデルのダウンロードなどでインターネット接続が必要となる場合があります。

また、自前のデータをネットワークからノートブックにダウンロードして利用したい場合は、直接インターネット接続を利用するのではなく、Google Cloud Platform(GCP)のAPIであるBigQueryを利用した方がよいでしょう。

それには、まず設定項目の「BigQuery」をクリックします。

●BigQueryの設定

BigQuery Enable...

[3]:https://www.kaggle.com/general/108481

すると次のように、GCPに接続するアカウントを設定するポップアップが開くので、必要ならばGCPのアカウントにログインします。

●BigQueryの使用

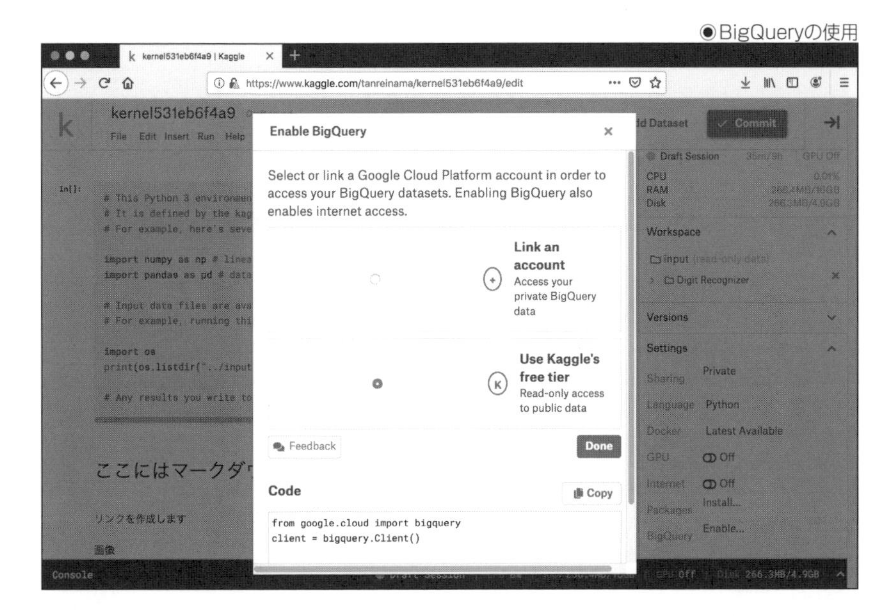

するとノートブックのソースコード中から、次のようにGCPのAPIを使用してBigQueryを使用することができます。

```
from google.cloud import bigquery

client = bigquery.Client()
```

データセットを利用する

さて、Kaggleにおけるノートブックは、何もコンペティションの問題を解くためだけのものではなく、ユーザーが自分の問題を解くために、SaaS環境のインフラとして使用することもできます。

そのためには、コンペティションのデータ以外のデータをノートブックで利用できるようにする必要がありますが、ここではそのための方法について解説をします。

◆Kaggle上のデータセットを利用する

すでにKaggle上にデータセットとして存在しているデータを、ノートブックの入力データに追加する方法を解説します。

まず、ノートブックの編集画面上部にある、「Add Dataset」をクリックします。すると次のように、データセットを選択するポップアップが開くので、目的となるデータセットを検索し「Add」をクリックします。

●データセットの追加

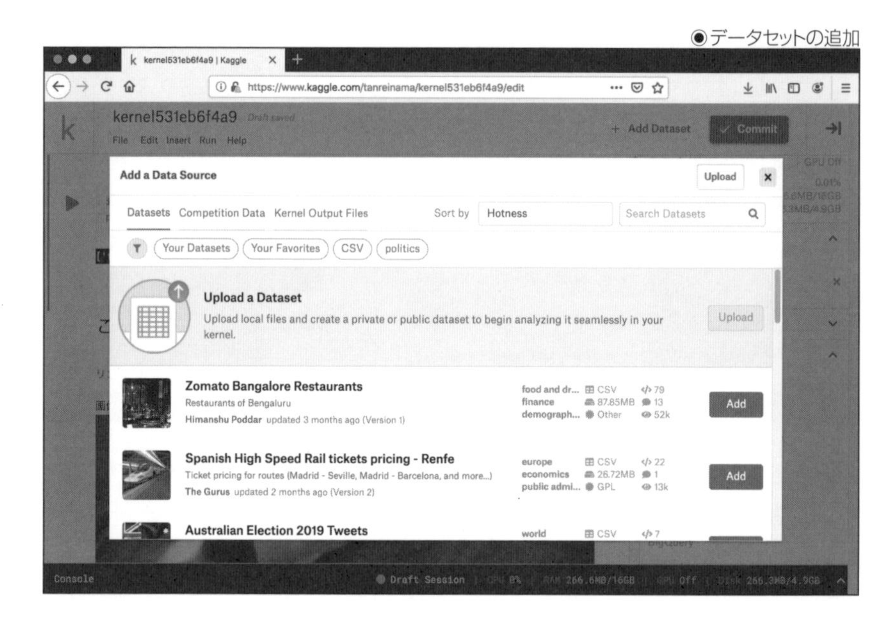

データセットにはタイトルと説明文の他に、タグが付けられているので、それらを利用して目的のデータセットを検索することができます。また、公開されているデータセットだけではなく、自分がデータをアップロードして作成した、プライベートデータセットを利用することもできます。

追加されたデータセットは、ノートブックから見ると「/kaggle/input」ディレクトリに新しく追加されます。

◆自分のデータをアップロードする

Kaggleにおけるノートブックでは、入力となるデータは基本的にKaggle上のデータセットから読み込みます。

そのため、自分の持っているデータを解析するためにノートブックを利用する場合は、いったんそのデータをKaggle上にアップロードしてデータセットとしておく必要があります。

なお、データセットのデータについても、ノートブックと同様に公開・非公開設定が可能で、他人には公開しないプライベートなデータセットとしておくことも可能です。

●データセットのページ

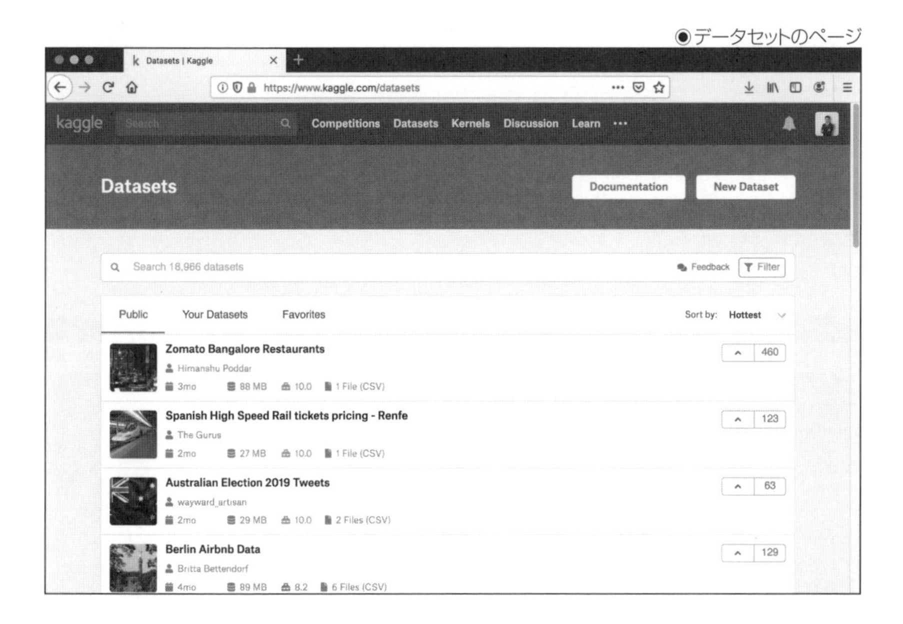

データセットを作成するには、まずKaggleの「Dataset」ページを開き、「New Dataset」をクリックします。

すると下記のように、ファイルをアップロードするポップアップが表示されるので、データセットのデータをアップロードします。Kaggleのデータセットでは、ZIPファイルをアップロードすると、そのファイルは中身のファイルが入ったディレクトリとしてアクセスできるようになります。ZIPの中にさらにZIPファイルがあった場合は、サブディレクトリとなります。

●ファイルのアップロード

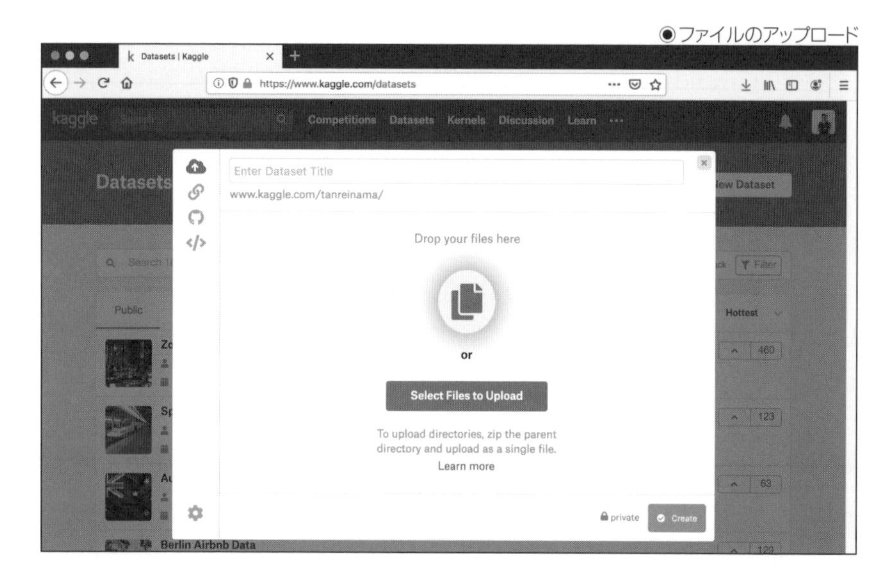

また、インターネット上のURLや、GitHubからもデータをインポートすることができます。

●GitHubからのインポート

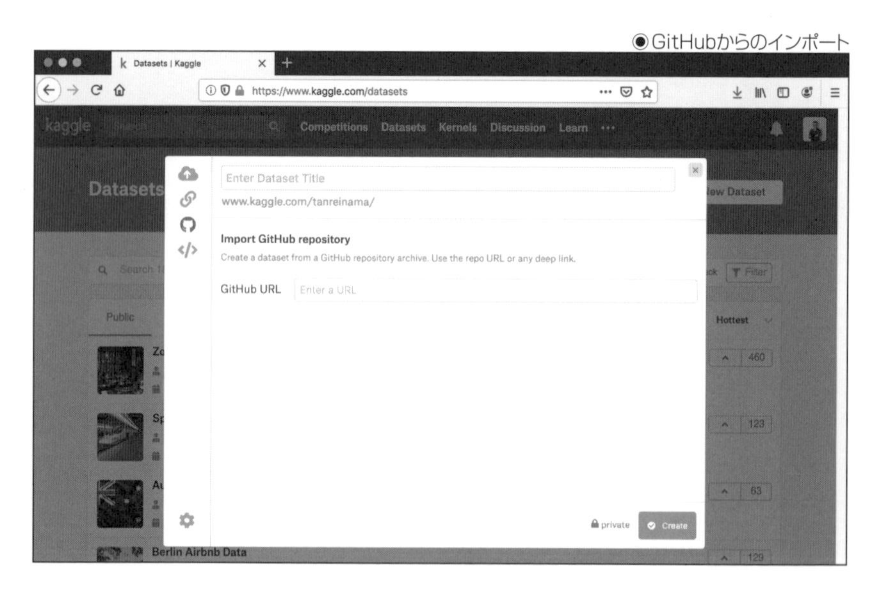

そうしてデータをアップロードしたら、データセットの名前を入力し、「Create」をクリックすれば、データがKaggleのサーバー上に配置され、データセットとして利用できるようになります。

◆別のノートブックの結果を利用する

また、別のノートブックの出力を、新しいノートブックの入力データとして利用することもできます。

それには、ノートブックの編集画面からデータセットを追加する際に、「Kernel Output Files」を選択し、利用するノートブックを検索して追加します。

●ノートブックの出力を利用する

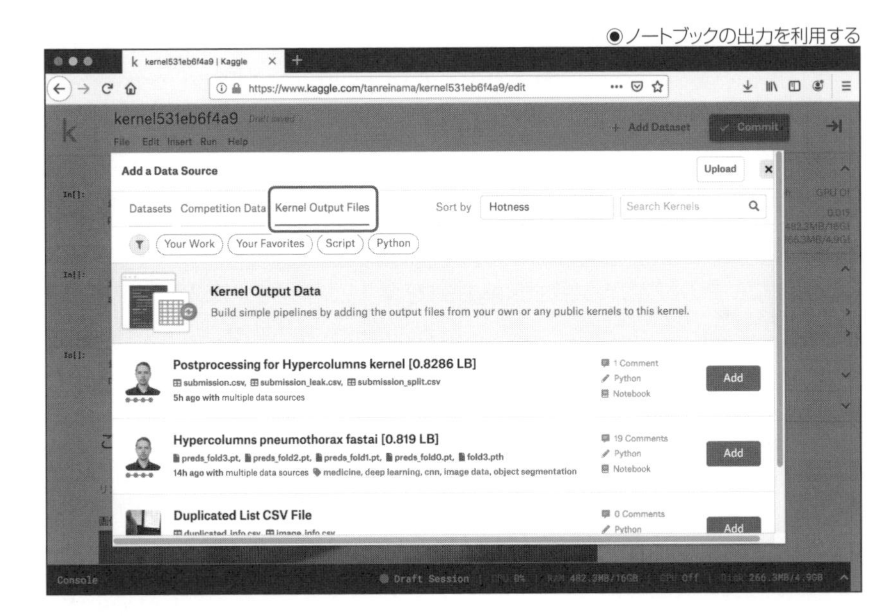

すると、そのノートブックの出力が、新しいデータセットとして扱われるようになります。

🌐外部のコードを利用する

Kaggleのノートブックは、機械学習によるデータ解析に必要であろうパッケージやライブラリはほぼ網羅した環境を提供してくれますが、世の中に存在するありとあらゆるパッケージをすべて網羅しているわけではありません。

また、ユーザーが自分の作成した独自のパッケージを使用したい場合など、そのパッケージ中のすべてのコードを1つのノートブック内にプログラミングしなければならないとすれば、それはあまりにも不便というものでしょう。

そこでKaggleのノートブックでは、ノートブックの実行環境に新しいパッケージを追加することができるようになっています。ここではPython言語を使用したノートブックに、新しい外部のパッケージを追加する方法について解説します。

◆ノートブックにパッケージを追加する

まず、必要となるパッケージが、すでに「pip」コマンドで利用可能な形で提供されている場合、ノートブックの設定から「Packages」をクリックすると、パッケージを追加することができます。

「pip」コマンドで利用可能なパッケージは、Pythonの公式リポジトリに存在するパッケージか、GitHub上でPythonインストールパッケージの形で公開されているものとなります。

ノートブックの設定から「Packages」をクリックすると、次のポップアップが開くので、そこでパッケージの名前かGitHubのURLを入力し、「Install Package」をクリックするとノートブックに新しいパッケージがインストールされます。

●Pythonパッケージの追加

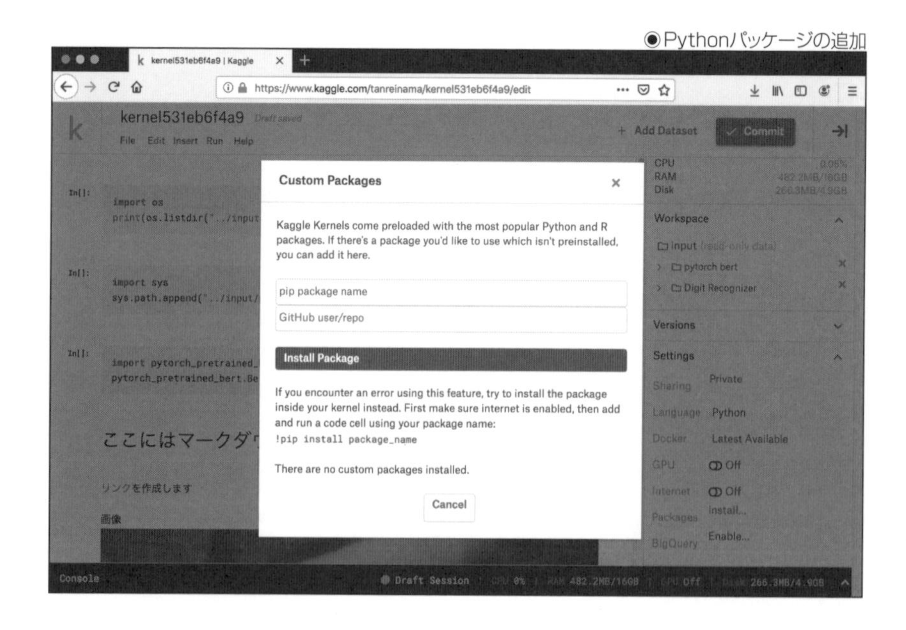

あるいは、Pythonのコード中に、外部コマンドを実行するコードを挿入し、その場で直接「pip」コマンドを呼び出すこともできます。Pythonのコードから外部コマンドを実行するには「!」から始まる行、または「os.system」関数を使用します。

```
!pip install package_name
```

◆ データセット内のソースコードを利用する

さらに、データセットにPythonパッケージをアップロードして、それをノートブックから利用することもできます。これは、データセット内のデータと、そのデータを取り扱うためのコードをセットで扱いたいときに便利に利用できる手法です。

ここではその例として、自然言語解析に使用する「BERT」というニューラルネットワークをPyTorchパッケージから扱うための、「pytorch bert」[4]というデータセットを例に解説をします。

●「pytorch bert」データセット

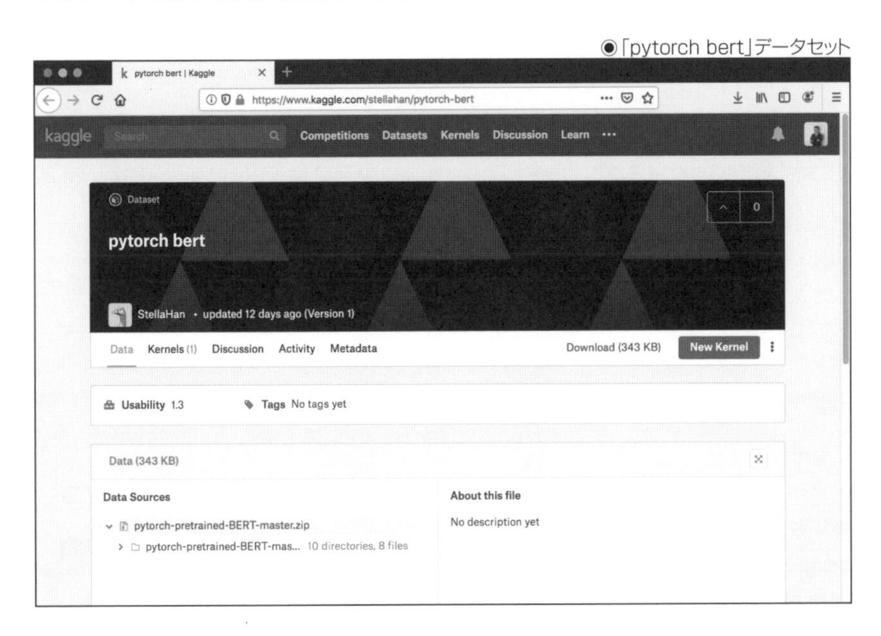

[1]:https://www.kaggle.com/stellahan/pytorch-bert

「pytorch bert」データセットをノートブックに追加すると、「../input」ディレクトリに「pytorch-bert」というディレクトリが作成されます。

その中にある「pytorch-pretrained-bert-master/pytorch-pretrained-BERT-master」以下に、Pythonパッケージが存在しているので、次のように「sys.path」に「append」関数を使用して、パッケージの場所をPythonのシステムに追加します。


```
import sys
sys.path.append(\
"../input/pytorch-bert/pytorch-pretrained-bert-master/pytorch-pretrained- BERT-master"\
)
```

すると次のように、指定した場所が「import」でパッケージを検索するためのパスに追加されるので、新しいパッケージをインポートして利用することができるようになります。

```
import pytorch_pretrained_bert

pytorch_pretrained_bert.BertTokenizer
```

ここでインポートしている「pytorch_pretrained_bert」は、データセットの中にあるパッケージで、「BertTokenizer」クラスはデータセットの中にあるソースコードから、ノートブックに読み込まれていることになります。

◉データセットからインポート

```
In[12]:
    import sys
    sys.path.append("../input/pytorch-bert/pytorch-pretrained-bert-master/pytorch-pretrair

In[13]:
    import pytorch_pretrained_bert
    pytorch_pretrained_bert.BertTokenizer
Out[13]:
    pytorch_pretrained_bert.tokenization.BertTokenizer
```

CHAPTER 04

Kaggleにおける
コンペティション

SECTION-09

コンペティションとノートブック

コンペティションにおけるノートブックの役割

通常のデータ解析コンペティションでは、データ解析の具体的な作業内容や、他の参加者がどのくらいまで作業を進めているかは、少なくともコンペティションが行われている間は秘密にされ、コンペティション終了後の発表においてはじめて明らかになることが普通です。

しかし、Kaggleで行われるコンペティションにおいては、単純に最終結果のみを競い合うのではなく、ノートブックの公開やディスカッションを通じたユーザー間の交流があるため、コンペティションにおいてどのような競争が繰り広げられているか、ある程度、リアルタイムで見ることができます。

◆リーダーボードとは

Kaggleのコンペティションでは、リーダーボードという暫定順位が用意されるので、誰が今時点でどのくらいのスコアに到達しているかを確認することができます。

●リーダーボード

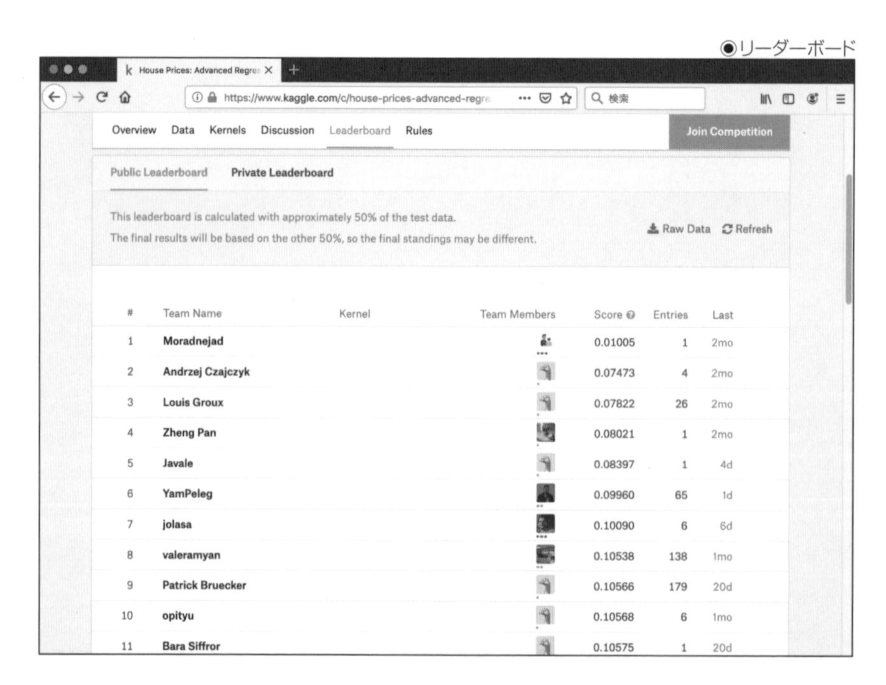

Kaggleのコンペティションが、密室内で開発し結果を発表するだけのものではなく、公開された競技として成立しているのは、このリーダーボードの働きが大きいです。

つまり、現在の自分の順位や、ライバルの順位が一目でわかるので、どのようにスコアを向上させるか、どのようなアイデア･ソリューションが、リーダーボード上のスコアにどう影響するのか、などを議論しながら進めていくことができるのです。

また、独自のアルゴリズムによる解析をノートブックとして公開し、そのアルゴリズムについてディスカッションするということも、ごく普通に行われているので、ひたすら密室に籠もってアルゴリズムを練り上げていく、という陰湿な印象は、Kaggleのコンペティションにはありません。

もちろん、コンペティションの上位に入賞することを目指している参加者は、当然のことながら自分たちの作業の内容や、解析アルゴリズムの詳細については秘匿しているので、コンペティションの終了後にその手法が公開され、あっと驚かされることもあるにはあります。

しかし基本的な雰囲気でいうと、Kaggleのコンペティションでは、データ解析のために必要となる、基本的なアルゴリズムやツールは、できるだけ参加者が共有できるように公開し、その上でさまざまな工夫を凝らしてスコアを競い合う、というオープンな文化が形成されています。

ここでは、できるだけ実際のコンペティションで起こった実例を紹介しながら、Kaggleにおけるコンペティションの、開催から終了した後までの流れと、その雰囲気を紹介します。

◆「Titanic」コンペティション

ここでは、初心者としてKaggleに参加するデータサイエンティストのために、チュートリアル用コンペティションとして用意されている「Titanic: Machine Learning from Disaster」[1]のデータを利用するノートブックを紹介します。

このコンペティションでは、1912年に氷山に衝突して沈没したタイタニック号の乗客名簿から、救助によって助かった乗客と、助からなかった乗客を識別する、というものになります。

[1]:https://www.kaggle.com/c/titanic

もちろん、タイタニック号の乗客名簿と、どの乗客が救助されたかというデータは、歴史的なもので一般に知られているデータですが、あえて正解のデータを持ち出すのではなく、その一部分のみを機械学習によるモデル構築に使用し、残りのデータを使用してモデルを評価することで、機械学習モデル作成の知見を得るための、研究用のデータセットとして使用されます。

タイタニック号の乗客データからは、当時の社会階級に基づく客室のランクや、家族構成による非常時の行動傾向など、さまざまな側面を持つ知見を抽出することができるので、単に救助されたかされなかったかという結果を求めるだけではなく、データから有意な知見を引き出すという、データサイエンティストの基本的な仕事の訓練にもよく利用されます。

Kaggleでは、そのタイタニック号の乗客名簿をもとにしたコンペティションを、さまざまなアルゴリズムを試すためや、初心者向けのサンドボックスとして気軽に参加できる場を用意するために、特に終了期限を期限を設けないで開催しています。

●「Titanic」コンペティション

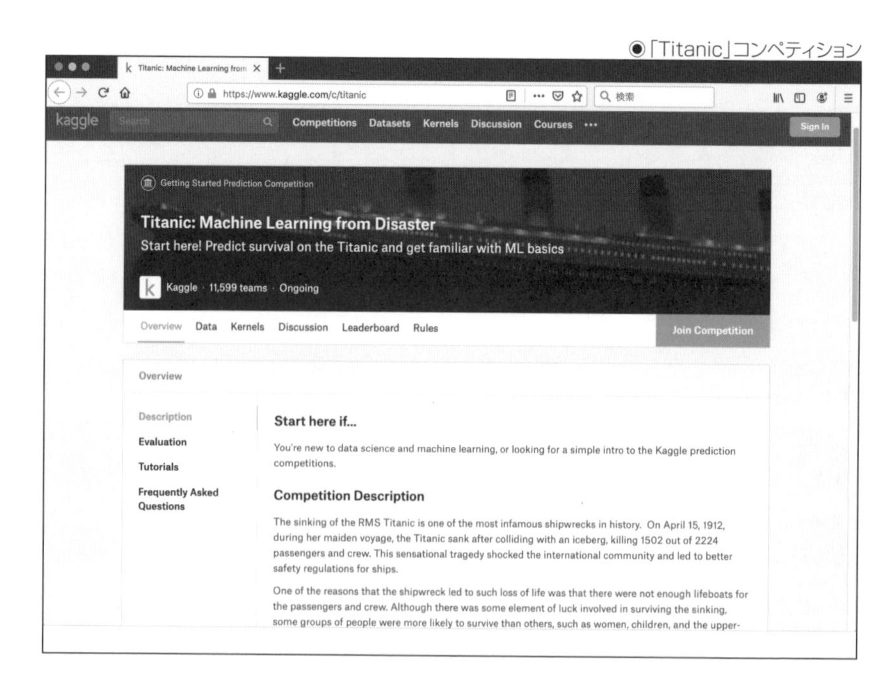

ノートブックの大まかな分類と登場する時間軸

Kaggleのコンペティションにおいて、参加者がどのような競争をしているのかを、端的に知る方法はコンペティション内で公開されているノートブックを見ることです。

実際にどのようなノートブックを作り、公開するかは、もちろん参加者の自由なのですが、大まかな潮流として見ると、コンペティションにおいて公開されるノートブックにはいくつかの種類があり、それらのノートブックはコンペティションの開催から終了までの時間軸の中で、ある程度の秩序を持った順番で登場してくるようです。

ここでは、コンペティションにおけるノートブックを、筆者による目線で大まかに4つの種類に分類し、それらのノートブックが登場していく順序を、時系列的に並べて紹介します。

◆「baseline」ノートブック

コンペティションが開催されると、まず最初に登場するのは、「baseline」と付く基本的な解析用のノートブックです。

この「baseline」について説明しておくと、まず機械学習によるデータ解析では入力されるデータがあればとにかく何らかの出力は得られるため、「動いたか動かなかったか」でそのプログラムが正しいかどうかを判定することができない、という事情があります。

そのため、機械学習アルゴリズムの開発においては、まずベースとして、最低限の動作は保証される、または少なくともゼロ(ランダムな選択など)よりは良い結果を期待できる、汎用のアルゴリズムを用いた解析結果を用意します。

そして、その後のアルゴリズム開発においては、そのベースとなった解析結果に比べて、どの程度性能が向上しているかを見るわけです。当然、ベースとなった解析結果よりも悪い結果となれば、それはアルゴリズムが悪いというよりもプログラムに何らかのバグがある、と推測できるわけです。

そうしたベースとなる解析結果を提供するのが「baseline」ノートブックの役割です。

もっとも、Kaggleにおいては「baseline」という名前が付いていても、実際はなかなか凝ったアルゴリズムを実装して良いスコアを叩き出すノートブックがあります。しかし、基本的には「baseline」ノートブックは、コンペティションの開催直後（多くの場合数時間以内!）に、気の早い参加者が一番乗りを目指して作り上げる、シンプルなノートブックとなります。

以降では、「Titanic」コンペティションにおける「baseline」ノートブックの例を紹介しましょう。

このノートブックは、「Random Forest Benchmark (R)」[2]という名前で、「Titanic」コンペティションのノートブックから検索すると見つけることができます。

●「Random Forest Benchmark (R)」ノートブック

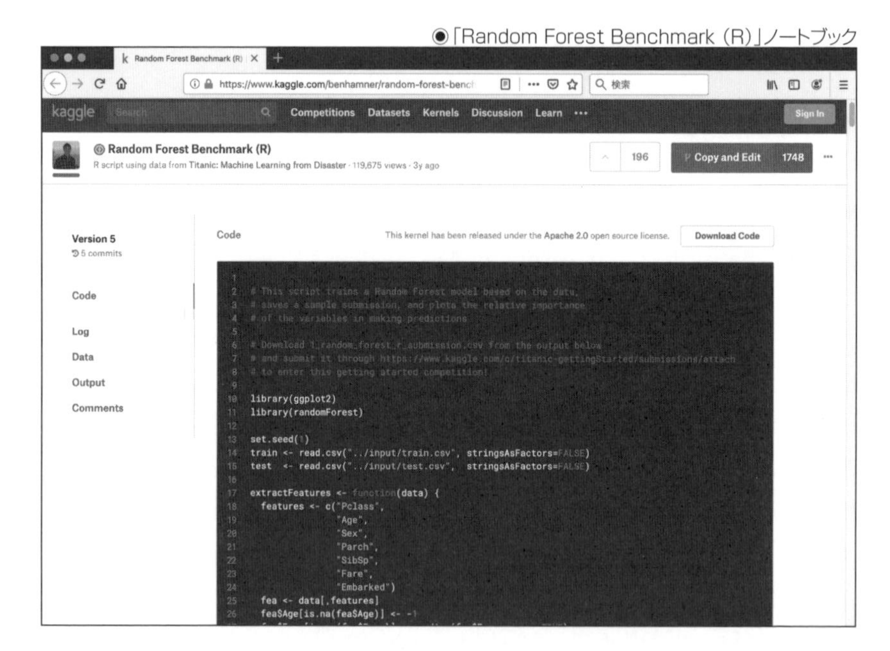

このノートブックは、R言語で作成された「スクリプト」型のノートブックで、コメント行を除くと40行ほどのサイズしかないとても小さなプログラムです。

なお、このような、Jupeter Notebook形式ではなくスクリプトとして作られたノートブックは、以前は「カーネル」と呼ばれていましたが、現在のKaggleではノートブックと表記が変更されています。

[2]：https://www.kaggle.com/benhamner/random-forest-benchmark-r

プログラムの内容としては、乗客名簿にある客室のランクに乗客の年齢性別など、7つの項目を使用して、「ランダムフォレスト」という機械学習アルゴリズムによるモデルを作成するものです。

「ランダムフォレスト」は、その動作に極端なクセが現れることが少ない、汎用的に使える機械学習アルゴリズムで、ここでもより複雑で高性能なアルゴリズムを使う前に、基準となるスコアを求めるためのベースラインとして「ランダムフォレスト」を使用しています。

シンプルなアルゴリズムを単純に学習させただけのノートブックながら、そこそこのスコアを叩き出し、より複雑なモデルが、常に優れているわけではないことがこのノートブックからわかります。

◆データ分析ノートブック

コンペティションが開催された後の数日～数週間に登場する中で、最も見応えのあるノートブックは、おそらくコンペティションのデータを可視化して提示する、データの分析ノートブックでしょう。

これらのノートブックでは、コンペティションの目的にかかわらず、コンペティションに提出するデータは生成しません(そのため常にノートブックのスコアでソートしていると見つかりません)。

その代わりに、コンペティションで提供されているデータに対してさまざまな分析を行い、データ間に含まれる相関や隠されている秩序、あるいはデータ構造の特異性などを、ノートブック上で明らかにしてくれます。

Kagglerの中には、アルゴリズム開発が得意なプログラマー寄りのユーザーもいれば、データの分析が得意なデータサイエンティスト寄りのユーザーもいるので、そうしたユーザーごとの志向性の違いが、公開するノートブックの種類の違いとして現れてくるわけです。

データ分析ノートブックの例として最初に紹介するのは、「Titanic Data Science Solutions」[3]というノートブックです。

[3]:https://www.kaggle.com/startupsci/titanic-data-science-solutions

●「Titanic Data Science Solutions」ノートブック

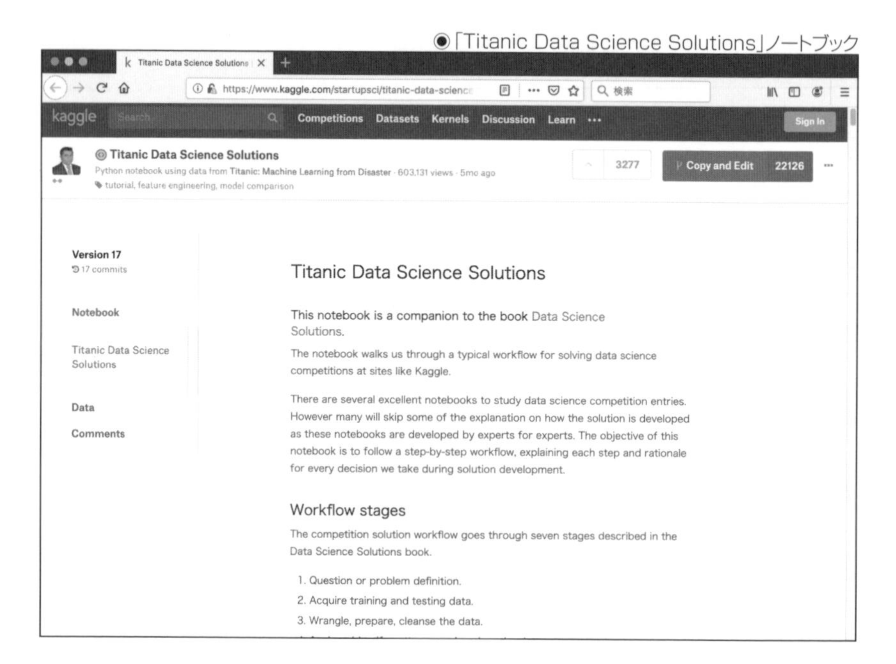

このノートブックは、Pythonのコードによるデータの読み込みから解析と可視化、そしてモデルの構築までを1つのノートブックにまとめてある、初心者でも読み解くことができるとてもわかりやすいノートブックです。

ノートブックの最初の方ではPython言語によるデータの読み込みを行い、主に中段付近データサイエンスの側面から「Titanic」データを解析し、その中にある傾向を可視化しています。

たとえば、次のグラフは、救出された乗客の性別を見ると、男性よりも女性の方が圧倒的に助かった確率が高いことを示しています。これは、映画の「タイタニック」でも描かれていたように、沈没してゆく船から脱出する際の行動にレディーファーストが浸透していた、という話を、データの上から裏付けるものになります。

●データ内の傾向

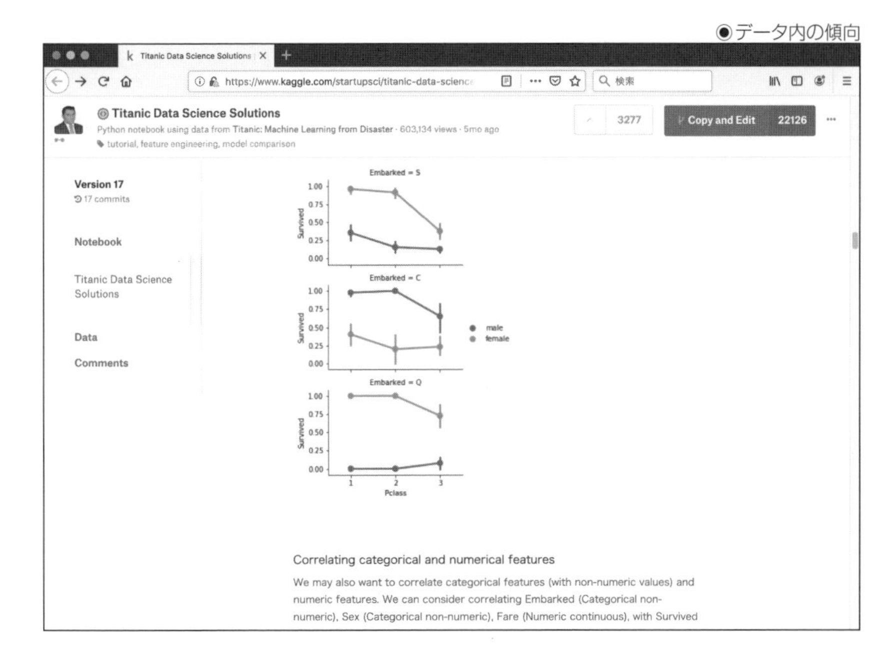

データ解析のモデルを作成する際には、このようなデータごとの傾向を見ながら、より良いモデルを作るためにノイズの少なく、目的変数とよく相関する説明変数を探していくことになるわけです。

そしてもう1つ、非常に興味深いノートブックがあったので、そのノートブックも紹介しておくことにします。

もう1つのノートブックは、「Titanic: 2nd degree families and majority voting」[4]という名前のノートブックで、乗客の家族構成によって生存の可能性がどう変化するかを解析しています。

[4]:https://www.kaggle.com/erikbruin/titanic-2nd-degree-families-and-majority-voting

●「Titanic: 2nd degree families and majority voting」ノートブック

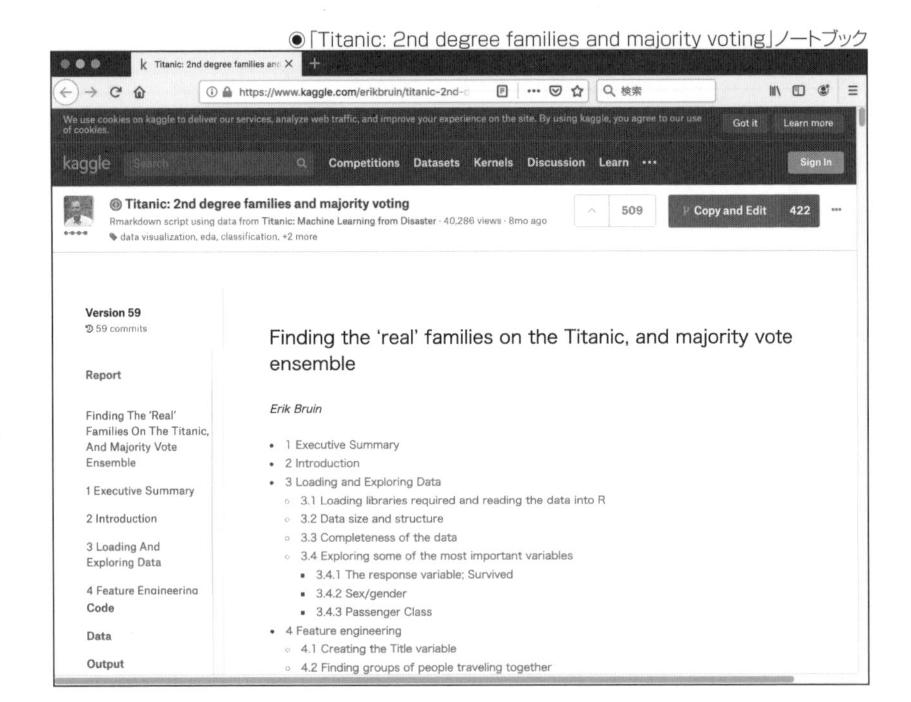

家族構成といっても、乗客名簿のデータからは直接、読み解くことができないため、同じ苗字のグループであったり、Mr.やMiss.などの肩書き、チケットの人数などを考慮に入れながら、まず同じグループでの乗船だと乗客を推定していくのです。

そして、最終的にはグループの大きさから生存の可能性が変化することを突き止めます。

このノートブックによると、一人旅の乗客は生存率が低く、3～4人の家族の場合は生存の可能性が高くなることが示されています。

●グループサイズによる生存率の差

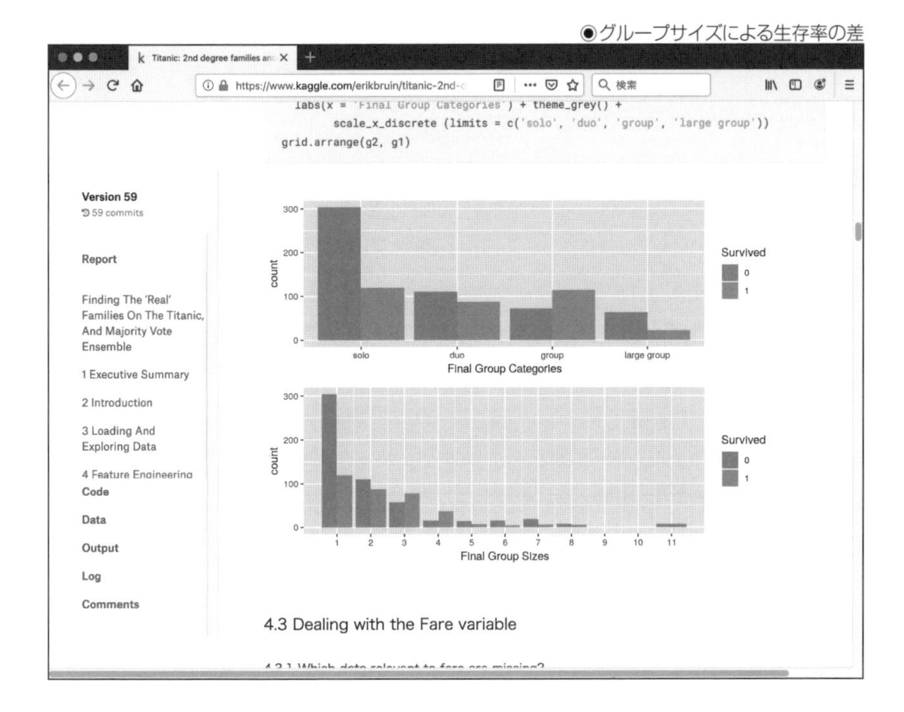

　こうした分析においては、データをさまざまな角度から分析するという点で、データサイエンティストの本領発揮というべき仕事が見て取れます。

　また、ノートブック上に、いかに見やすく美しいグラフを表示するかなどのテクニックを見ると、matplotlibなどのライブラリの使いこなし方が実に見事であることがわかります。

　そして、それらのノートブックにある分析結果は、実際にコンペティションの問題を解いて提出するデータを用意する際に、欠かすことのできない知見を提供してくれます。

　コンペティションが開催されて数週間も経つと、ある程度はそうしたデータの分析が出揃うので、急いでコンペティションに参加するよりも、少し待ってそれらの分析結果を見て、データに対する知見を得てからコンペティションに参加することも1つの手でしょう。

◆ノートブックのフォーク

さて、コンペティションにおいて、このようにさまざまなノートブックが公開されるのが通常のことであるならば、自分がコンペティションに参加する際にも、一から解析プログラムを作成するのではなく、誰かが作成したノートブックをもとに作成すれば楽にコンペティションに参加できることができます。

それには、ノートブックのソースコードをそのままテキストエディタにコピー&ペーストしてもいいのですが、Kaggleのノートブックには公開されているノートブックをコピーして、自分用のノートブックとして編集する機能があるので、通常はそちらを利用します。

プログラミング用語では、ソースコードの特定のバージョンをコピーして、異なる派生プログラムを作成することを「フォーク」と呼びますが、Kaggleのノートブックにもそのような機能があるわけです（実際、機能の名前も現在では「Copy and Edit」となりましたが以前は「Fork Kernel」でした）。

もともとのノートブックをコピーして作成されたノートブックには、 というマークが付くので、ノートブック一覧からどのノートブックがコピーによって作成されたものか、一目でわかるようになっています。

◉フォークされたノートブックたち

◆「merge」ノートブック

Kagglingで登場する「merge」や「blend」、「stacking」、「ensemble」という用語のは、Kaggle用語で複数の機械学習モデルの出力を合算して、その平均的な値を求める、という手法を指します。

これは一般的なアンサンブル学習の手法による、スタッキング、またはモデル平均法などの手法と等しいですが、Kaggleではその部分のみを実装した、「merge」ノートブックなどと呼ばれるものが登場することがあります。

次の例は「Titanic」コンペティションのものではありませんが、別の「Santander Customer Transaction Prediction」[5]というコンペティションにおいて登場した、典型的な「merge」ノートブックです。

ノートブックの名前は「Blending Top Kernels...」[6]というもので、その名前の通り、その時点で公開されていたトップ5のノートブックの出力を自身のノートブックの入力とし、その重み付き平均を出力としています。

●「Blending Top Kernels...」ノートブック

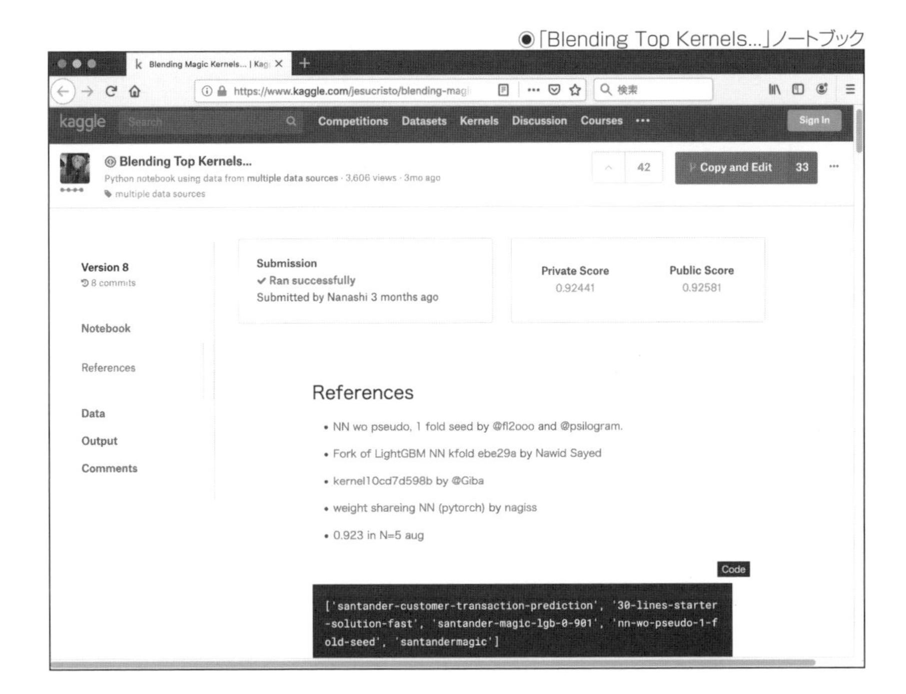

[5]:https://www.kaggle.com/c/santander-customer-transaction-prediction/kernels?sortBy=scoreDescending&group=everyone&pageSize=20&competitionId=10385
[6]:https://www.kaggle.com/jesucristo/blending-magic-kernels

このノートブックでは実際のコードはわずか数行しかなく、代わりに、同じコンペティションに参加している他のノートブックの出力結果が、ノートブックの入力として設定されています。

そしてノートブックの中で行われている処理といえば、それら他のノートブックの出力を読み込み、平均値を計算して保存していることだけです。

このような「merge」ノートブックは、主にコンペティションの終盤、性能のある程度いいノートブックが出揃ってきた時点で登場し始めます。

まとめると、コンペティションにおけるノートブックはその種類によって大まかな登場する順序があり、「baseline」ノートブックが最初に登場した後、データ分析ノートブックが登場し、やがて参加者それぞれの改良点を組み込んだノートブックが「フォーク」ノートブックとして登場します。そしてコンペティションの終盤には、単体のノートブックとしてはそれ以上の向上が難しくなり、いくつかのスコアの良いノートブックの結果を利用した「merge」ノートブックが作成されていくわけです。

◉ノートブックの登場する大まかな流れ

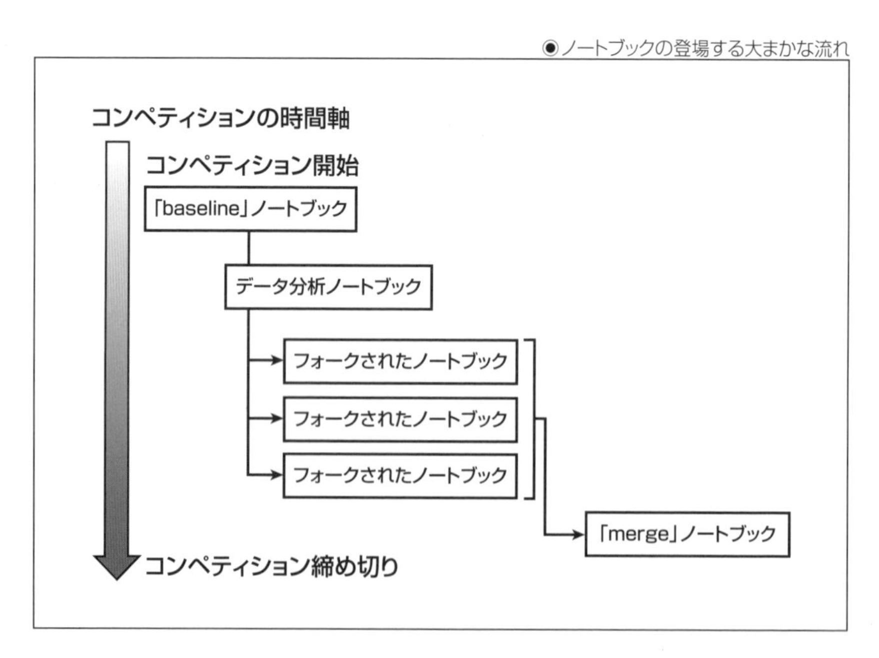

この図は、あくまで大まかな分類による、一般的な傾向を表しているもので、実際にはもっと多様なノートブックが作成されますが、大きな流れとしては、そのようにコンペティションが進行していくことが普通のようです。

実際のコンペティションにおける例

コンペティションでの実例

ここで、大まかな傾向による一般化ではなく、筆者も参加したコンペティションでの実例をもとに、実際のコンペティションでどのように公開ノートブックが登場していくかを紹介したいと思います。

ここで紹介するのは、「Jigsaw Unintended Bias in Toxicity Classification」[7]というコンペティションで、掲示板やツイッターなどのメッセージを、不適切なもの(攻撃的である、性的な表現を含む、など)とそうではないものに分類する、というテキスト分類の問題を扱うものでした。

ちなみに、このコンペティションが開催されていた時点では、まだノートブックという名前ではなくカーネルと呼ばれていたので、ディスカッションなどでも「Kernel」という単語が使われていますが、現在のKaggleでは「Notebook」という名前になっているので、それは適宜、読み替えてください。

◉「Jigsaw Unintended Bias in Toxicity Classification」コンペティション

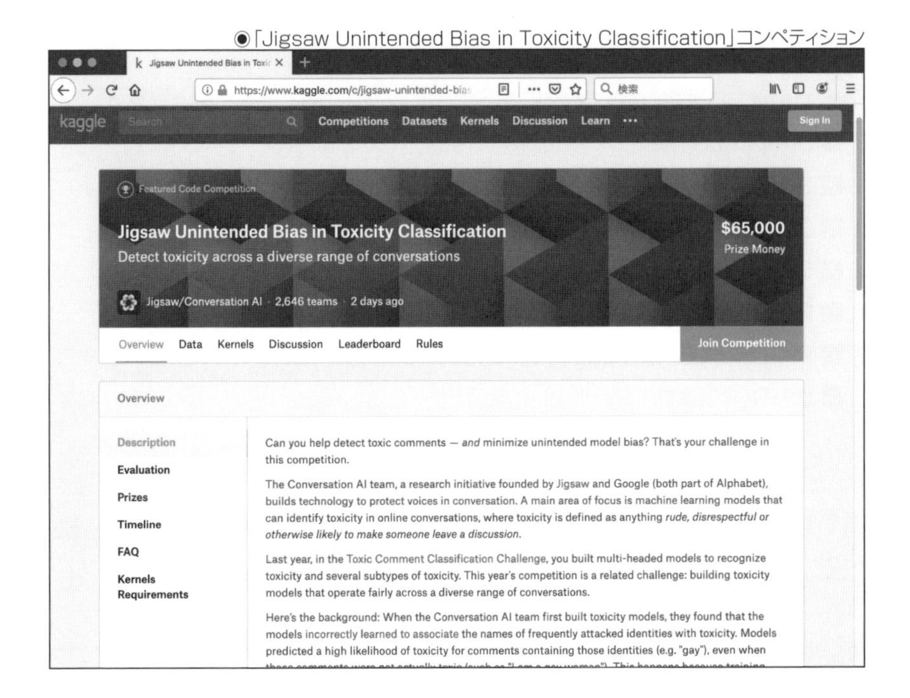

[7]:https://www.kaggle.com/c/jigsaw-unintended-bias-in-toxicity-classification

このコンペティションの特徴として、メッセージの投稿者が属するグループのデータも利用することができて、たとえば性的少数派の人が書くメッセージと、そうではない人が書くメッセージとで、意味合いが異なっているようなケースを考慮に入れたモデルを作成することができました。

ノートブックの系譜を追いかける

ここでは、ノートブックが公開されていく流れでもってコンペティションの進行を捉えますが、すべての公開ノートブックを取り上げることはできないので、まずは「フォーク」によって作成され、改良を入れられていく一連のノートブックの流れを追うことで、コンペティション参加者が互いに切磋琢磨し合って、競争を盛り上げていく様子を観察することにします。

◆ 公開されたノートブック

ここで紹介するのは、下記の7つのノートブックです。これらのノートブックは、Kaggleの機能を利用した直接のコピー（コピー元が参照としてたどれる）で作成されたものもあれば、そうではなく、ソースコードをコピー&ペーストとして作成されたもの、あるいはニューラルネットワークのモデル構造を流用して異なるフレームワークで実装し直したもの、などがありますが、すべて1つの流れに属しており、同じ系譜にあるノートブック、ということができます。

1. Simple LSTM[8]
2. Simple LSTM - PyTorch version[9]
3. Simple LSTM using Identity Parameters Solution[10]
4. Simple LSTM with Identity Parameters - FastAI[11]
5. PreText-LSTM-Tuning v3[12]
6. PreText-LSTM-Tuning v3 with ensemble tune[13]
7. BERT + LSTM (rank blender)[14]

コンペティションでは全員が同じ問題を共有しているので、同じ問題意識を持つもの同士として、問題解決のためにどんなソリューションがどこで使用されているかは、コンペティションの参加者同士であれば明白になります。

[8]：https://www.kaggle.com/thousandvoices/simple-lstm
[9]：https://www.kaggle.com/bminixhofer/simple-lstm-pytorch-version
[10]：https://www.kaggle.com/tanreinama/simple-lstm-using-identity-parameters-solution
[11]：https://www.kaggle.com/kunwar31/simple-lstm-with-identity-parameters-fastai
[12]：https://www.kaggle.com/cristinasierra/pretext-lstm-tuning-v3
[13]：https://www.kaggle.com/tanreinama/pretext-lstm-tuning-v3-with-ensemble-tune
[14]：https://www.kaggle.com/chechir/bert-lstm-rank-blender

そのため、誰かのアイデアを借用して作成したノートブックは一目瞭然ですし、実際、上記のノートブックのほとんどは、他人のノートブックのソースコードを、多かれ少なかれコピーして作成されています。

また、Kaggleの機能を利用した直接のコピーではなくとも、Kaggleのお作法として、他人のノートブックを参考にした場合はノートブック内のコメントにそれと記載することになっているので、ノートブックの登場する流れを追うのは難しいことではありません。

実際のコンペティションで起きたこと

さて、実際にコンペティションの公開ノートブックで行われたことを、時系列的に説明すると、次のようになります。

◆ コンペティション初期

まず、「thousandvoices」というユーザーが、「Simple LSTM」というノートブックを公開します。「LSTM」というのはニューラルネットワークの一種で、文章処理などの目的に一般的に使われているニューラルネットワークのことです。

この「Simple LSTM」はその名前通り、2階層のLSTMのみを持つ単純なモデルを作成するノートブックで、先ほどの分類に従えば「baseline」ノートブックに属するノートブックです。

そしてその後すぐ、「Benjamin Minixhofer」というユーザーが、PytorchとFastAIというフレームワークを使えば、同じニューラルネットワークのモデルであってもスコアが向上する、ということを示します。

それが「Simple LSTM - PyTorch version」というノートブックで、先に作成されていた「Simple LSTM」とまったく同じ2階層のLSTMでありながら、スコアはより向上した結果を出していました。

一方、これは筆者が作成したものですが、コンペティションのデータに含まれる特性をうまく利用した損失関数を作成することで、スコアを向上させることができることをノートブックで示します。

それが「Simple LSTM using Identity Parameters Solution」というノートブックで、ここで筆者が導入したソリューションは、便宜上「Identity Parameters」と呼ばれることになりました。

さて、同じ「Simple LSTM」ノートブックから、異なる2つの手法でスコアが向上することが示されたわけですが、そうするとその2つの手法を同時に使用したらもっと良い結果になるのではないか、というのは当然の発想です。

そうして「Kunwar Raj Singh」というユーザーが作成したのが、「Simple LSTM with Identity Parameters - FastAI」というノートブックで、以降しばらくの間、このノートブックがコンペティションの公開ノートブックの中では最高スコアを保持することになります。

◆コンペティション中期～後期

このあたりからスコアの向上が頭打ちになりつつあり、コンペティションの公開ノートブックも、圧倒的なアイデアを披露するものというより、小さな改良点を入れて、わずかにスコアが向上したりしなかったり、というものが中心になっていきます。

たとえば、モデルに学習させる文章データそのものに着目した「Cristina Sierra」というユーザーは、文章の前処理を行うことで、さらにスコアを向上させたノートブックを公開します。

それが「PreText-LSTM-Tuning v3」で、「v3」というあたりに試行錯誤の跡が見て取れますが、前処理以外のモデルと学習部分に関しては、「Simple LSTM with Identity Parameters - FastAI」からのコピー&ペーストで作成された共通の系譜にあるノートブックです。

そんなノートブックの中に、これも筆者が作成した「PreText-LSTM-Tuning v3 with ensemble tune」というノートブックがあります。

このノートブックでは、先ほどの「PreText-LSTM-Tuning v3」をもとに、アンサンブル学習部分にささいなチューニングを入れることで、スコアがほんの少し向上することを示すことができました。

ここまでのノートブックの登場する流れは、すべて1つの「Simple LSTM」ノートブックから始まった流れです。

そして、使用するモデルも「Simple LSTM」とまったく同じ2階層のLSTMであり、ニューラルネットワークのノード数なども変化がなく、同じものでした。

ニューラルネットワークの特性として、ノード数などのチューニングを行えば、公開ノートブックからさらにわずかにスコアを向上させることは容易だったでしょう。しかし、公開ノートブックの制作者たちは、新しい技術のアイデア・ソリューションを評価してもらうためにも、あえてその部分は共通して使用しています。

つまり、同じニューラルネットワークのモデルであっても、このソリューションによってスコアが向上した、というわけで、ニューラルネットワークのモデル自体を変更してしまうと、そのスコアの向上が、ソリューションの恩恵なのかニューラルネットワークのモデルのためなのかがわからなくなってしまいます。

また、それ以上のチューニング手法を秘密にしておくことは、コンペティションの競技性を保つことにも繋がっていたと思います。

◆ コンペティション終盤

さて、これまでに登場したノートブックはすべて「LSTM」というモデルを使用する系譜に属しているのですが、コンペティションにおいては異なるモデルも同時並行的に開発とチューニングが進んでいました。

それが「BERT」という系譜で、こちらもニューラルネットワークの一種なのですが、「LSTM」よりも新しい手法です。

その「BERT」と、「LSTM」の結果を合算して平均を求めれば、どちらか片方のものより良い結果になるのではないか、として「Matias Thayer」というユーザーが公開したのが、「BERT + LSTM (rank blender)」というノートブックです。

前述したように、この「blend」というのは、Kaggle用語で複数の機械学習モデルの出力を合算して、その平均的な値を求める、という手法を指します。

このコンペティションでは、他のノートブックの出力を直接、自分のノートブックに取り込むことはできないルールだったので、「BERT + LSTM (rank blender)」ノートブックでは「BERT」と「LSTM」の結果を同時に計算していますが、これはコンペティション終盤に登場した「merge」ノートブックの一種とすることができるでしょう。

当然のごとく、この「BERT + LSTM (rank blender)」というノートブックはそれまでの公開ノートブックによるスコアの記録を塗り替え、コンペティション終盤において最も良いスコアを叩き出す公開ノートブックとなりました。

コンペティションにおける技術の系譜

「Simple LSTM」から派生して登場したノートブックの系譜を、図にすると次のようになります。

◉公開ノートブックの系譜

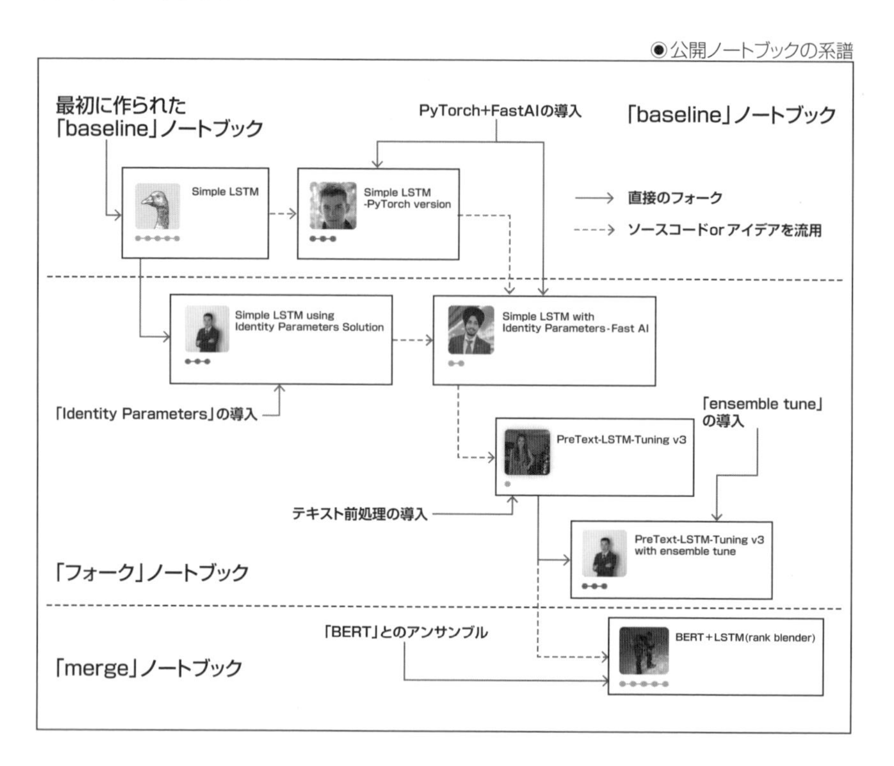

この図は、大まかに、上から下に行くほどコンペティションの時系列的に後に登場したもの、左から右に行くほどコンペティションのリーダーボード上でスコアが良かったもの、という風に配置されています。

これは、技術の系譜図そのものであり、コンペティションの競技の中でどのようにノートブックが改良されていったか、を表しています。

学会などでは、論文の引用を追いかけることで同じような系譜図が作成されることもありますが、これがコンペティション開催期間のわずか2カ月ほどの間に行われる、というのがKagglingの面白みになります。

ノートブックを公開したユーザーも、ロシア、チリ、インド、日本など世界中から参加しており、Kaggleの国際的な側面がよく表れています。

◆ノートブックの公開とコンペティションの競技性

なお、「Jigsaw Unintended Bias in Toxicity Classification」[15]コンペティションは、現在では終了しており、公開ノートブックもコンペティション終了後に公開された、より優れたものがたくさんあります。

しかし、ここで紹介したのは、あくまでコンペティションの開催中に公開されたものとなります。

なぜかというと、公開ノートブックの系譜を追いかけてコンペティションの雰囲気を味わうには、終了後に優勝者のソリューションが公開されてから、いわば「正解」が明らかになってから作られたノートブックよりも、各人がそれぞれ試行錯誤の中で作成している段階のノートブックを見た方が、より良いと思うためです。

コンペティション開催中の公開ノートブックは、それぞれ各人が、秘密にしておきたい自分だけのソリューションを隠し持ちつつ(コンペティションの順位も上げたいので)、このくらいは公開してもいいか、というものだけ公開する、といった要素も含まれています。

そのため、ノートブックを公開するタイミングや内容など、駆け引きめいたことも行われたりして、なかなかコンペティションにおけるノートブックの公開には、奥が深いものがあります。

最後に、筆者が2度目にノートブックの公開を行った(「PreText-LSTM-Tuning v3 with ensemble tune」ノートブック)ときに、コメント欄に書かれたメッセージを紹介しておきましょう。

◉ノートブックに綴られた恨み言(?)

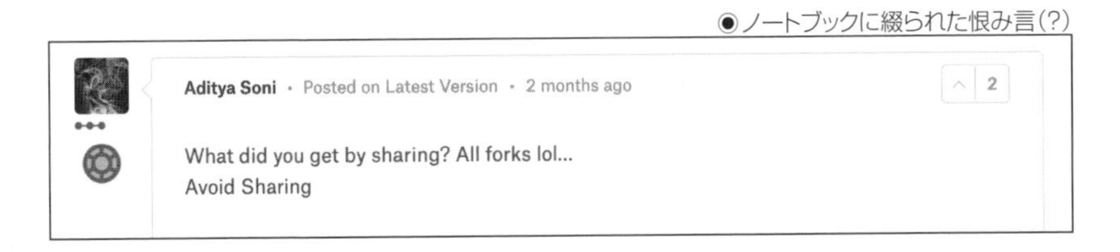

(意訳)
あなたは何で何もかも共有してしまうの?
皆コピーしてしまうじゃない(バンザイ)
秘密にしておけばいいのに

[15]:https://www.kaggle.com/c/jigsaw-unintended-bias-in-toxicity-classification

筆者がそれまでの、公開されたノートブックによるスコアの記録を更新するのは、これが2度目だったためか、ソリューションを公開することによって何のメリットがあるのか、といわれてしまいました。

意訳すると、「何で何もかも共有してしまうの？　皆コピーしてしまうじゃない」といった感じでしょうか。

筆者の公開したノートブックのスコアは、その時点でのリーダーボードで上位10%にも届いていなかったので、コンペティションの競技性を損なったというほどのものではないと思うのですが、ノートブックを公開してソリューションの発明を自慢したいKagglerもいれば、自分だけの秘密にしておいてコンペティションの順位を1つでも上げたいというKagglerもいる、ということを考えさせられたコメントでありました。

◆最終的な入賞者のソリューション

さて、これまでの話はコンペティションの開催されている期間中に、公開されていたもののみについてでした。

それでは、「Jigsaw Unintended Bias in Toxicity Classification」[16]コンペティションにおける実際の入賞者は、どのような手法を用いていたのでしょうか。

優勝者のソリューションの解説を見る前に、まず10位に入賞したソリューションの解説を見てみましょう。

解説はコンペティションにおけるディスカッションのページに、「Public LB Top 10, Private LB Top 26 Solution (Single Bert - 0.94560)」[17]というタイトルで投稿されています。

[16]：https://www.kaggle.com/c/jigsaw-unintended-bias-in-toxicity-classification
[17]：https://www.kaggle.com/c/jigsaw-unintended-bias-in-toxicity-classification/discussion/97422#latest-592199

◉10位入賞者のソリューション

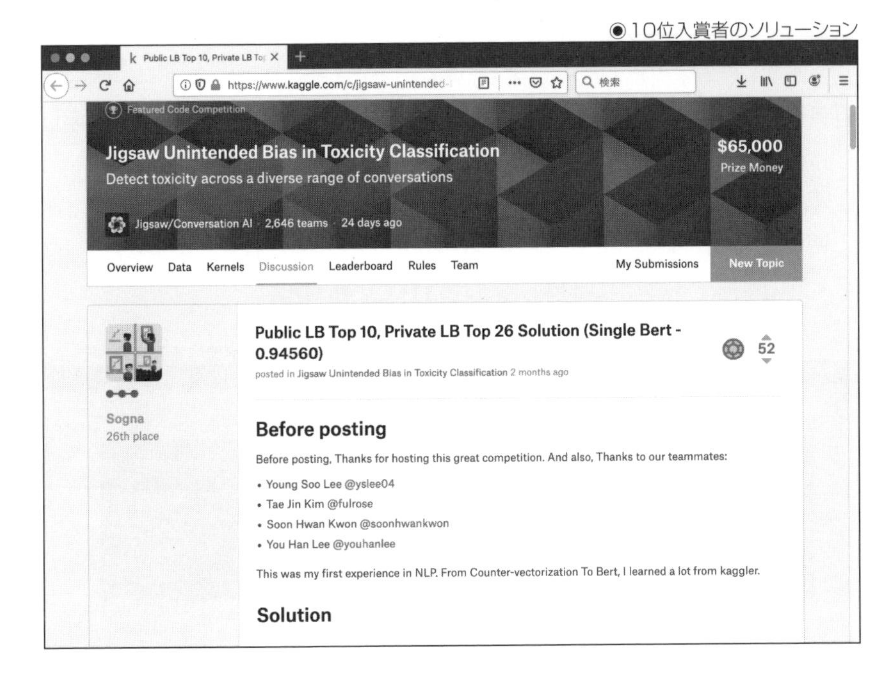

このチームのソリューションは、公開されているノートブックからのアイデアを組み合わせて実現されている点が特徴です。

解説では、文章の前処理は「How To: Preprocessing for GloVe Part1: EDA」[18]というノートブックから、モデルは「LSTM」と「BERT」を組み合わせており、「Simple LSTM - PyTorch version」[19]と、「Toxic BERT plain vanila」[20]というノートブックを参考に作られています。

そして、10位に入賞する際に最も注力したポイントは、先ほども登場した「Simple LSTM using Identity Parameters Solution」[21]で導入された損失関数のチューニングとなっています。

すでに解説したように、コンペティションのデータに合わせた損失関数の作成と、「LSTM」および「BERT」のモデルを組み合わせるという手法は、公開されているノートブックにも含まれているアイデアと同じものです。

つまり、公開されているノートブックに含まれているアイデアを組み合わせるだけで、これだけの上位に入賞することができる、ということになります。

[18]:https://www.kaggle.com/christofhenkel/how-to-preprocessing-for-glove-part1-eda
[19]:https://www.kaggle.com/bminixhofer/simple-lstm-pytorch-version
[20]:https://www.kaggle.com/yuval6967/toxic-bert-plain-vanila
[21]:https://www.kaggle.com/tanreinama/simple-lstm-using-identity-parameters-solution

◆ 優勝者のソリューション

一方で、優勝者のソリューションを見てみると、そこには、コンペティションのデータに合わせた損失関数の作成はもちろん導入されていますが、使用しているモデルは、公開されているノートブックとは異なるものでした。

優勝者のソリューションでは、その時点で最新の手法である、「BERT」と「LXNet」および「GPT2」を組み合わせており、公開されているノートブックで人気の手法であった「LSTM」は使用されていません。

●優勝者のソリューション

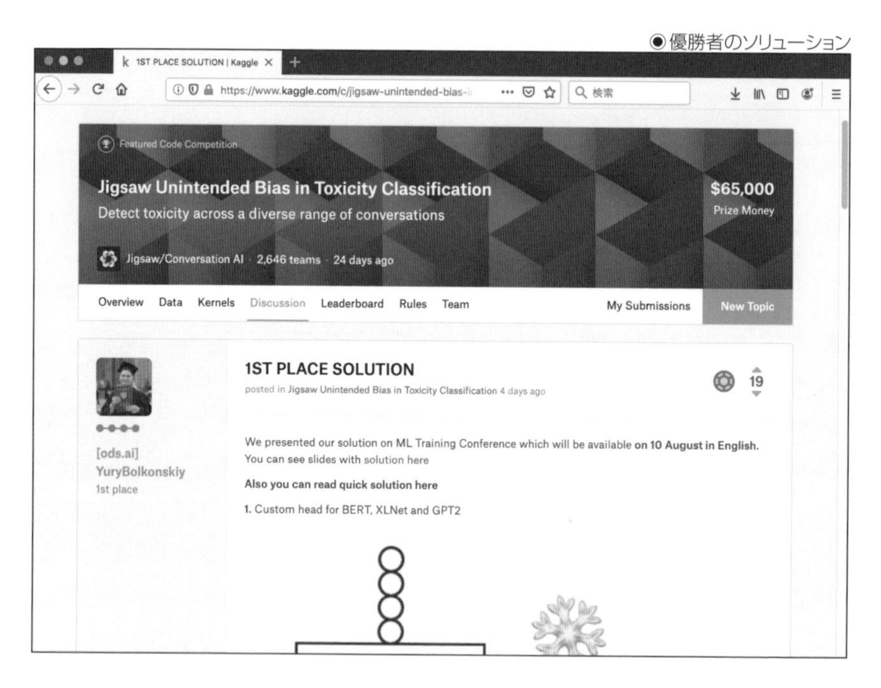

ソリューションが解説されている入賞者の中では、「LSTM」を使用しているのは3位のもの（「3rd place solution」[22]）が最高位でしたが、このソリューションでもやはり、「LSTM」と「BERT」に加えて、「GPT2」とネガティブダウンサンプリングという、公開ノートブックには導入されていない手法を使用しています。

このように、Kaggleのコンペティションでは、公開されているノートブックから見える表面上の競争の他にも、公開されていないソリューションを使った水面下の競争が同時に行われており、上位に入賞するためには、そのどちら側についても最新の手法を追いかけておくことが必要なのです。

[22]：https://www.kaggle.com/c/jigsaw-unintended-bias-in-toxicity-classification/discussion/97471#latest-582610

SECTION-11

コンペティションの詳細

コンペティションの詳細について

これまで紹介してきたように、Kaggleにおけるコンペティションにはある程度の定型があり、その定型を押さえてしまえば、コンペティションごとの細かい違いには、あまり気を使わなくて済みます。

しかし、やはり本気でコンペティションに参加するならば、そのコンペティション独自のルールなど、コンペティションの詳細について理解しておく方がよいでしょう。

コンペティションのルール

Kaggleにおけるコンペティションは、一般的には企業がデータを提供して開催するものなので、その企業が求める成果を正しく成果とするために、コンペティションごとに異なるルールが設定されます。

もちろんルールにはある程度の定型があり、基本的には、リーダーボード上のスコアが良くなるように解析モデルを作成することになるのですが、中には、自動的に計算されるスコアではなく、提出されたノートブックをKaggleのデータサイエンティストが人の目で確認して、出来の良いものを選択する、といったものもあります。

また、Kaggleのコンペティションには、機械学習の手法を発展させるという目的もあるので、コンペティションの主催者が想定する解析手法に参加者を誘導するためのルールが追加されることもあります。

◆評価関数の定義

評価関数とは、コンペティションのリーダーボードに表示されるスコアを、提出データから計算するための関数です。コンペティションの主催者側は、提出すべきデータに対しての「正解」となるデータを持っているので、その「正解」と、参加者が提出したデータをもとに、スコアを計算します。

コンペティションで使用される評価関数の定義は、コンペティションのトップページから、「Overvier」→「Evaluation」のリンクをたどると表示されます。

●評価関数の定義

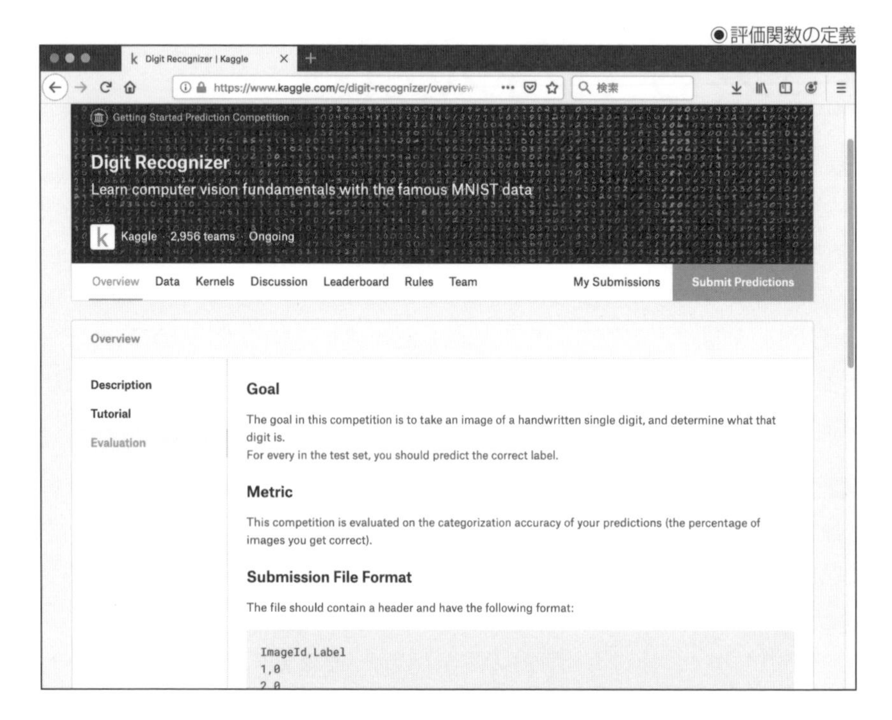

通常のクラス分類を行うコンペティションであれば、機械学習やデータ解析の分野で一般的に使用される、Accuracyスコア(正解率)やAUCスコア(ROC曲線下面積)が用いられることが多いようです。

クラス分類以外の問題であっても、通常は機械学習やデータ解析の知識があれば容易に理解できる、一般的なスコアリングの関数が、評価関数として使用されます。

また、中には一般的な統計スコアではない、特殊な評価関数を使用するコンペティションもありますが、これは次の第5章で解説します。

◉特殊な評価関数の定義

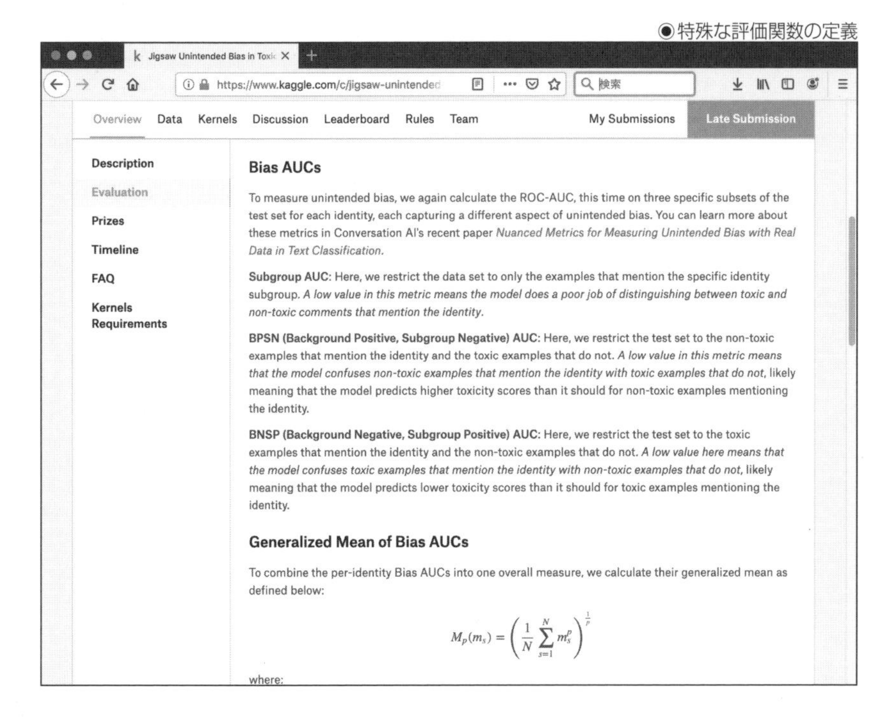

◆提出物の定義

他にも、コンペティションに提出するデータの形式を確認する必要もあります。

通常であれば、それは「sample_submission.csv」というファイルに定型が用意されており、その中のデータを自分のモデルの出力に置き換えればそのまま利用できるようになっています。

コンペティションの提出物の定義は、先ほどと同じ「Overvier」→「Evaluation」のページ内に、「Submission File」の項目で説明されています。

●提出ファイルの定義

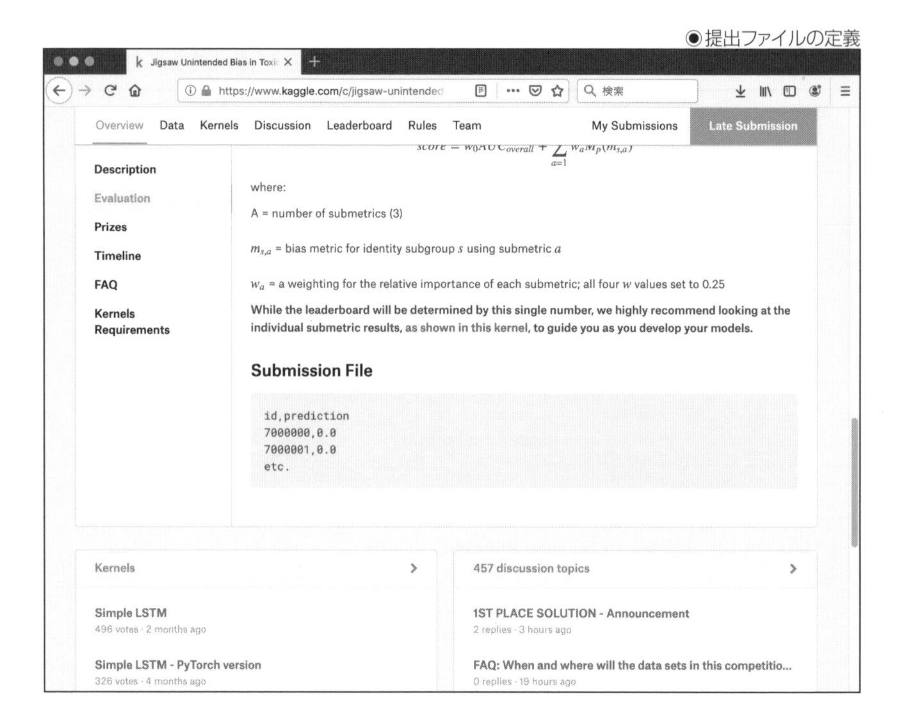

また、コンペティションの開催中は、いくつものデータを提出して、そのスコアをリーダーボード上で競い合いますが、コンペティションの終了前に、その中からいくつかを最終的な提出物として選択する必要があります。

最終的な提出物の選択は、コンペティションのリーダーボードから「Leaderboard」→「My Submissions」をクリックして自分の提出した履歴を表示し、チェックボックスにチェックを入れることで行います。

通常は最もスコアの良かった結果が選択されますが、後で解説する「ノートブックオンリー」コンペティションでは、公開されるデータと、最終順位を決める評価用データが異なっていたりするので、コンペティションのルールに応じて適切な提出物を選択します。

◆チーム編成と提出の期限

Kaggleのコンペティションには、いくつかの期限が設けられています。

まず、Kaggleのコンペティションには、複数人のKagglerがチームを組んで参加することができるのですが、そのチームを編成する締め切りが、最終的な結果の締め切りの約1～2週間前に設定されます。

これは、スコアの向上が頭打ちになったコンペティションの終了間際に、リーダーボード上位の参加者が合流することで順位を上げることを防止するためです。

チーム編成と提出の期限は、コンペティションのトップページから、「Overvier」→「Timeline」のリンクをたどると表示されます。

●コンペティションの締め切り期限

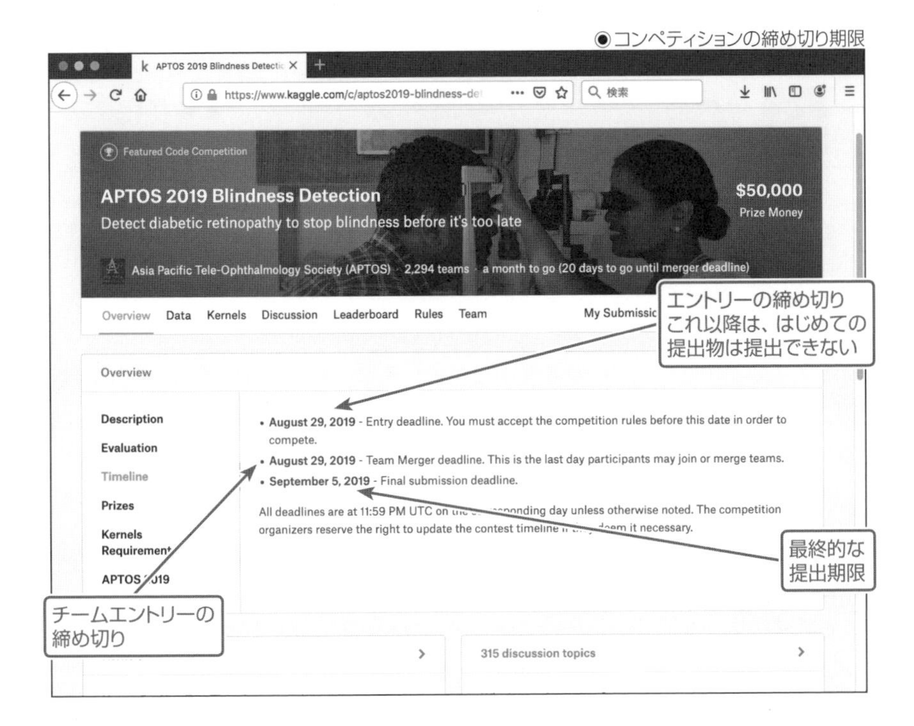

その他にも細々としたことですが、チーム人数の上限に、ソリューションの提供など入賞者の義務や、賞金の受け取り方法（米国税務省へ提出が必要な書類など）も、コンペティションのルールに記載されています。

それら詳細なルールは、コンペティションのページから「Rules」をクリックすると表示されます。

コンペティションの終了後

最終的な提出物を選択し、コンペティションの締め切り期限が過ぎると、後は最終的な順位の確定を待つばかりとなります。

最終的な順位が確定し、上位10%に入っていれば、メダルが付与されて、Kaggleのランキングに反映されることになります。

◉コンペティションの終了後にメダルが付与されたところ

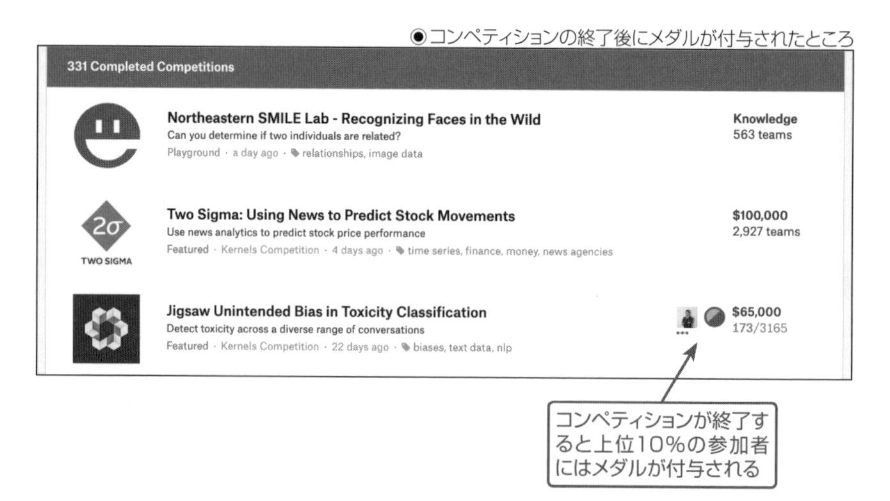

◆ 最終順位の確定

コンペティションの開催中に表示されるリーダーボードはあくまで目安の順位に過ぎず、最終的な順位は、コンペティションの終了まで待たなければならないことになります。

最終的な順位は、通常はコンペティションの終了後間もなく確定しますが、中には締め切り期限が過ぎた後、数週間から数カ月の時間を要するコンペティションも存在します。

それは主に、後述する「ノートブックオンリー」コンペティションにおいて、新しく評価用のデータでノートブックを実行する必要があるためですが、第1章で紹介した「NCAA ML Competition」コンペティションのように、正解となるデータがコンペティション締め切り時点では存在しない、という場合もあります[23]。

また、外部データの使用方法など、コンペティションのルールに違反しているために最終順位から除外されるパターンも、あまり多くはないですが存在はしているようです。

[23]：「NCAA ML Competition」コンペティションは、その年の「NCAA」という学生スポーツ大会の結果を、大会が開催される前に予測し、大会が終了した後に最終順位が確定する。

◆ ソリューションの公開

コンペティション終了後のディスカッション掲示板では、上位に入賞したランカーたちが、次々と自分たちのソリューションを公開していきます。

ソリューションを公開する方法は、特にこれといった決まりはないので、掲示板に直接、詳しい解説を書く人もいれば、GitHubなどにアップロードしたソースコードを参照しながらソリューションを説明する人もいます。

また、先ほどの「Jigsaw Unintended Bias in Toxicity Classification」[24]コンペティションの優勝者は、コンペティション終了後に行われた機械学習の講演で、実際に使用されたソリューションの解説を行うことで、入賞ソリューションの公開としました。

データサイエンティストという職業が、普段はデータと向き合う地味な作業が多いためか、Kagglingの場では自己表現が大きくなるような気がします。

特に、コンペティションで上位に入賞し、そのソリューションを紹介する場ともなれば、大いに面目を施し、自己顕示欲を満たすことができるのでしょう。

実際に、コンペティション開催中と、終了後のソリューション公開のスレッドでは、終了後にソリューションを公開しているスレッドの方がVoteが多く付いているように見受けられます。

また、何位までに入賞すればソリューションを公開してもよい、という下限については特に決まりごとはないようで、20位以下の入賞者でもオリジナルのソリューションを公開しています。

大まかに見ると、コンペティション終了時のリーダーボードにおいてゴールドメダルを獲得できるランクにいる場合、ソリューションを公開すると多数のVoteが付けられるようです。

また、コンペティション終了後、かなりの時間が経ってからであっても、新しいソリューションを発明した、といったときには、そのソリューションが公開されることもあります。

◆ プライベートリーダーボード

ところで、コンペティションが終了した後で新しいソリューションを発明し、以前の結果よりも良い結果となることがわかった場合は、どのようにそれを発表すればよいでしょうか。

[24]：https://www.kaggle.com/c/jigsaw-unintended-bias-in-toxicity-classification

1つは前述のように、ディスカッションの掲示板で新しいソリューションを公開することですが、それだけではコンペティションの競技が行われている最中のような盛り上がりにかけることも、また事実です。

そこでKaggleでは、終了したコンペティションにおいても、コンペティション開催中に暫定順位を表示していたリーダーボードと同じものを、「プライベートリーダーボード」として利用できるようになっています。

そのため、コンペティション終了後であっても、新しいソリューションによる解析結果を提出すれば、プライベートリーダーボード上で順位が付けられて、その解析結果のスコアが上位から順に並ぶことになります。

◉プライベートリーダーボード上で順位が付けられる

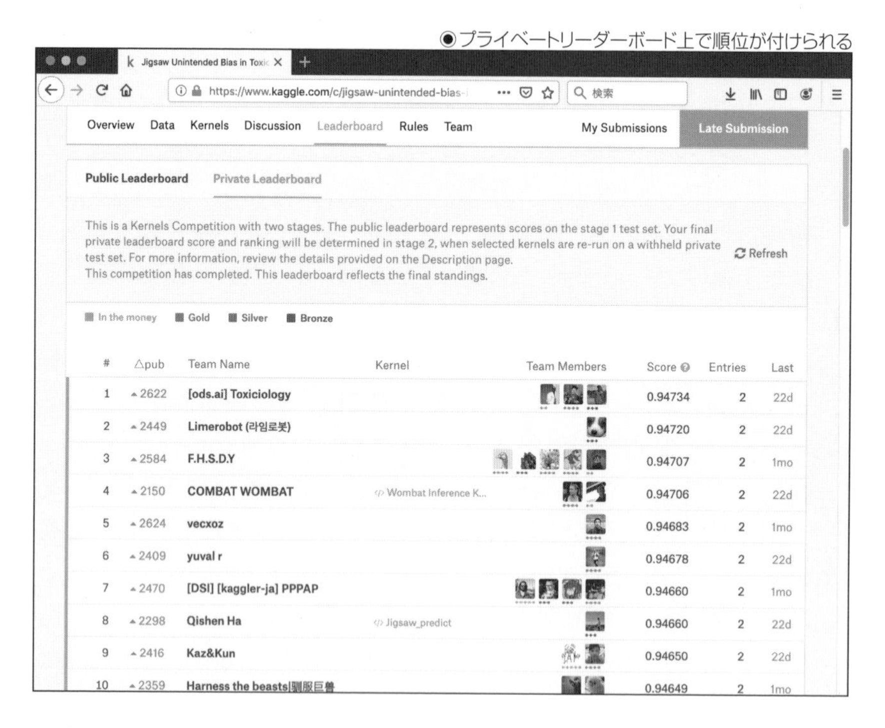

古いコンペティションのプライベートリーダーボード、それにディスカッションのページを見ると、機械学習における解析手法の進化や、モデル作成方法の潮流がどのように変わってきたか、また、それによりどれくらい解析精度が向上してきたかがよくわかります。そのため、プライベートリーダーボートは、機械学習アルゴリズムの歴史を勉強するために活用することもできます。

CHAPTER 05

Kaggleマスターへの道

SECTION-12
コンペティションのルールを理解する

コンペティションのルールを確認する

これまでの章では、Kaggleに参加してコンペティションをはじめとした活動を行うための、基本的な流れを解説してきました。

この章では、そこから一歩進んで、Kaggleのランキングを上げたり、Kaggleを実際の仕事やデータ解析にうまく活用したりするための方法について解説をします。

いうまでもありませんが、データサイエンスの実際は、常に新しい手法を学び、データを読み解く研究者としての活動となるので、「これをすれば良い」という何かがあるわけではありません。

そのため、ここで書けることは、Kaggleを使いこなしていくための、あくまではじめの一歩となります。ここからさらに踏み込んで、Kaggleエキスパートやマスター、さらにその上へと進むためには、読者の皆さまが各自で各々のスキルを磨く必要があるでしょう。

◆ コンペティションごとに異なっているルール

さて、どのようなコンペティションでも同様ではありますが、Kaggleのコンペティションで上位に入賞するためには、開催されているコンペティションのルールを詳細に把握しておくことが、まず何より必要となります。

●コンペティションのルール解説

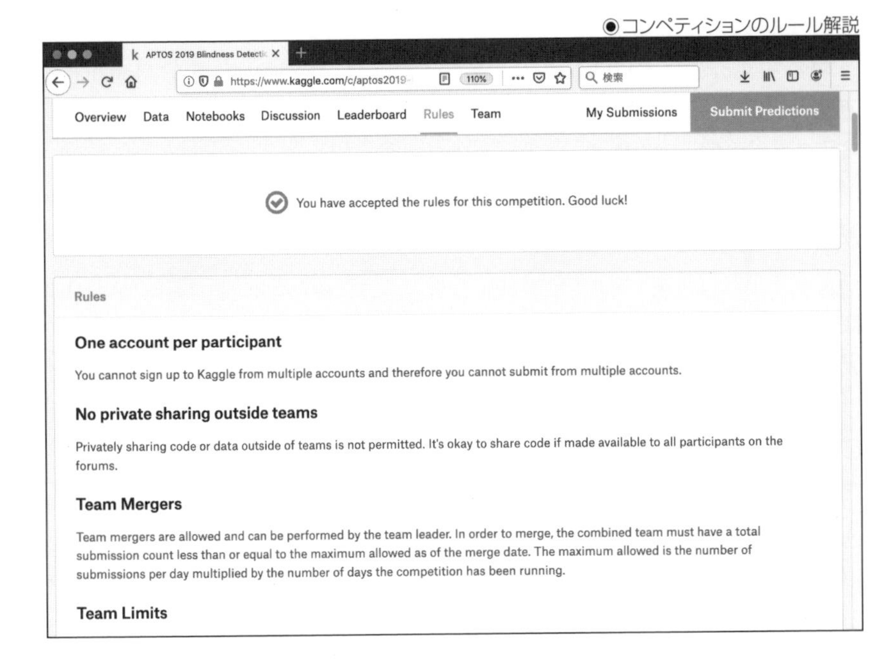

コンペティションのルールは、コンペティションのページから「Rules」をクリックすると表示されます。

コンペティションのデータをダウンロードしたり、解析結果を提出する前に、コンペティションのルールについて同意しておく必要があります。コンペティションのルールへの同意は、その際にダイアログ内でチェックすることができるので、いちいちルール解説のページを開かないかもしれませんが、時には特例として重要な項目がある場合があるので、きちんと確認しておくべきでしょう。

◆ 評価関数の定義

これは前章でも紹介しましたが、コンペティションにおいて提出された解析結果を、スコアの数値とする方法については、評価関数の定義として別途、解説されています。

コンペティションで使用される評価関数の定義は、コンペティションのトップページから、「Overvier」→「Evaluation」のリンクをたどると表示されます。

評価関数の定義は、コンペティションの上位に入賞するためには確実にチェックしておかなければならない重要な要素で、実際のデータの用途がどうであれ、コンペティションにおいて最も良く評価されるような解析結果を作成することが重要となります。

評価関数の定義としては、ROC-AUCスコアのような一般的な統計スコアが用いられますが、中には特殊な関数が使用される場合もあります。

たとえば、これまでの章で紹介してきた、Jigsaw主催の「Jigsaw Unintended Bias in Toxicity Classification」[1]コンペティションでは、バイアスのかかるデータごとに異なるROC-AUCスコアを求め、それらを重み付けした上でPower Meanをとるという、かなり変則的なスコアが利用されました。

これは、スパムとなるメッセージを判定するクラス分類で、書き込んだ本人のアイデンティティによって分類結果を重み付けするものです。たとえば、LGBTの人が書き込んだ「レズビアン」と、一般の人が書き込んだ「レズビアン」では、評価スコアの重みが異なるように設定されており、Jigsawが行っている実際の業務(不適切なメッセージのフィルタリング)に、より適したモデルを作成するようなモチベーションを与えています。

そのため、コンペティションのスコアを向上させるためには、その評価関数に対して学習を最適化することが重要で、上位に入賞した参加者のソリューションには、すべてその最適化が含まれていました。

◆ 1日に行えるスコア確認回数

他にもスコアの向上のために重要なルールとして、解析結果のファイルを提出し、リーダーボード上でスコアを確認できる数が、1日の上限として定められています。

これは、リーダーボード上でのスコア確認を頻繁に行うと、そこからテストデータの特性が推測できてしまうからです(極端にいえば、データひとつごとに異なる値を提出し続ければ、リーダーボード上のスコアから正解を見つけることができる)。

団体でコンペティションに参加する場合、いつ提出物をリーダーボード上のスコアで確認するかなどのスケジュールは、チーム内で調整することになるので、それらの情報はきちんと把握しておく必要があります。

[1]:https://www.kaggle.com/c/jigsaw-unintended-bias-in-toxicity-classification

「ノートブックオンリー」コンペティション

Kaggleのコンペティションにおいて、独特な形式で、最近、多く開催されているものが、「ノートブックオンリー」コンペティションと呼ばれるコンペティションです。

これは、以前は「カーネルオンリー」コンペティションと呼ばれていたもので、その名の通り、ノートブックのみを使用するという制限のもとに行われるコンペティションです。

つまり、このコンペティションにおいては、データ解析の提出物は、Kaggleのプラットフォームで動作するノートブックを使って出力することが条件となります。

別の言い方をすると、自分の所有するローカルのコンピューターでデータ解析を行い、その結果となるCSVなどのデータファイルのみをアップロードするのは認められない、ということです。

◆「ノートブックオンリー」コンペティションとする目的

コンペティションの開催者が、「ノートブックオンリー」コンペティションを選択する理由はいくつかあります。

まず1つ目は、参加者がどのようなソリューションを考案しているか、確実に知ることができるという点です。

コンペティションの終了時には、上位に入賞した参加者はそのソリューションを公開することになっていますが、「ノートブックオンリー」コンペティションでは、すべての参加者のソリューションを、ノートブックのソースコードという形で確認することができるので、コンペティションの主催者にとっては、コンペティションから新しい手法を見つけ出すことが、より容易になるのです。

なお、コンペティションの参加者は、他の参加者からは見れないようにノートブックを非公開状態にしておくことができるので、「ノートブックオンリー」であってもコンペティションの競争には特に問題とはなりません。

また、もう1つの目的として、参加者同士で利用できるコンピューターの計算資源を共通化する、という点もあります。

Kaggleのコンペティションでは基本的に、機械学習モデルによってデータ解析を行うのですが、機械学習モデルのトレーニングには膨大な計算資源が必要となるので、必然的に大量の計算資源を利用できるユーザーの方が、コンペティションにおいても有利になります。

これは言い換えてしまえば、コンペティションにたくさんのお金を使えるユーザーほど有利、というもので、データ解析の能力を競うという目的からは逸脱した状態になってしまいます。

そこで「ノートブックオンリー」コンペティションとすることで、Kaggleのノートブックという共通のプラットフォーム上で計算できるプログラムのみが、コンペティションに参加できるようにしているのです。

実際の「ノートブックオンリー」コンペティションの例

さらに、「ノートブックオンリー」コンペティションでは、最終的なスコアを求めるデータを、コンペティションの参加者には公開しないまま行われることがあります。

そのようなコンペティションでは、通常のコンペティションとは異なる競技の進み方になったり、データの特性によるドラマが発生したりするので、ここではその一例を紹介します。

◆メルカリコンペティションでの例

たとえば、メルカリ主催の「Mercari Price Suggestion Challenge」[2]コンペティションは、オークションに出品された商品の解説文から、その商品の落札価格を求めるコンペティションでしたが、問題となるオークションにおける落札金額は、インターネット上のオークションサイトで公開されているものなので、過去のインターネットのログをたどれば、正解となる価格がそのまま発見できるデータでした。

そのようなデータをコンペティションで扱う場合、参加者が直接、検索した価格を利用していないことを、何らかの方法で確認する必要があります。

そのため、メルカリは、このコンペティションを、「ノートブックオンリー」コンペティションとして開催し(当時の呼び方は「カーネルオンリー」コンペティション)、参加者には学習用データと、あくまでテスト用のデータのみを公開して、最終的なスコアを確認するためのデータは公開しない方針を採用しました。

そして、コンペティションの締め切りが過ぎた後に、提出されたノートブックを、データを差し替えた上ですべて再実行して、最終的なスコアを求めるようにしました。

[2]:https://www.kaggle.com/c/mercari-price-suggestion-challenge

言い換えてしまえば、コンペティションの提出物を、データ解析の結果となるデータファイルではなく、ノートブックというアルゴリズムの実装とした、ということです。ノートブックのスコアは、改めて秘密にしてあったデータを解析させることで、コンペティションの締め切り後に再計算されます。

そのため、コンペティションのリーダーボードは、Stage1とStage2に分けられていて、締め切り前に行われるコンペティションの競争はStage1のリーダーボード上で（公開されているデータを使って）行われ、締め切り後に新しくStage2のリーダーボードが（公開されていないデータを使って）作成されました。

◆ Stage1リーダーボードの異変

コンペティションのルールとしてはそれで問題なく、公平性も保たれてはいたのですが、競技性という面から見ると、このコンペティションでは興味深い「事件」が起きました。

コンペティションの終盤に、qixiang109というユーザーが、突然、その時点でトップ1%にランクされる解析結果のCSVファイルを公開したのです。

公開されたのは、Stage1で公開されたデータの解析結果のみで、どのようにその結果を求めたのかというアルゴリズムやノートブックは公開されないままでした。

言い換えるならば、そのファイルは、計算資源を大量に使用できるローカルのコンピューターで作成されたものかもしれず、コンペティションへの提出物にはなり得ないものです。

しかし、多くの参加者は、そのファイルを自分のデータセットとしてアップロードし、ノートブックから読み込んでそのまま出力する、という方法で、まったく同じファイルをStage1の提出物としてしまいます。

そうすると、コンペティションのリーダーボード上には、同じスコアで、たくさんの参加者が並んでしまうことになり、異様な状況が発生してしまいました。

そのときに行われた議論が残っていたので、そのログを眺めてみましょう[3]。

---

[3]：https://www.kaggle.com/c/mercari-price-suggestion-challenge/discussion/47519#latest-269054

●たくさんの参加者がまったく同一のスコアになって

【訳】

みんなqixiang109のファイルをそのまま提出して、スコア0.39698となります。彼らは何をしたいの？

(今の)リーダーボードは忘れてください。(締め切り後の)プライベートリーダーボードでわかるでしょう。理由はモチベーションだと思います。リーダーボード上で上位にいると、それが偽物であっても、刺激になります。

管理者に問題提起するためでしょう。それと、瞬間的にトップ1%に入賞したつもりになって満足するためでしょう。

> ただの楽しみ。Stage2で意味のないことは皆知っています。
>
> (今の)リーダーボードは気にしないように。

このコンペティションが開催された当時は、まだ「ノートブックオンリー」コンペティションはそれほど一般的ではなく、データファイルをアップロードし、その時点のリーダーボード上で順位を競うのが一般的であったこともあり、かなり困惑した参加者もいました。

ディスカッションでは、その時点のリーダーボードに表示されている順位は無視するようにということと、まったく同一のスコアでトップ1%にいる参加者たちについて、最終的な順位とは関係がない解析結果を提出していることを議論しています。

結果からいうと、このような手法で作成されたノートブックは、当然ながらStage2では正しく動作せず、最終的なコンペティションの結果には何の影響も与えませんでした。

しかし、コンペティションの開催中に限っていえば、ある種の「目くらまし」的な役割を果たしていたように思います。

「ノートブックオンリー」コンペティション独自のルール

先ほどの例でもわかるように、「ノートブックオンリー」コンペティションであっても、自らアップロードした外部データセットを経由すれば、好きなだけローカルのコンピューターで作成したデータを利用できてしまいます。

そのため、「ノートブックオンリー」コンペティションにおいては、外部データセットやインターネット接続の利用について、ルールで制限を設けることが一般的です。

◆ 外部データセットの扱い方

「ノートブックオンリー」コンペティションにおける外部データセットの使い方として、最も一般的なのは、ニューラルネットワークなどの学習済みモデルをデータセットとしてアップロードし、ノートブックの中から読み込んで使用することでしょう。

これは、機械学習モデルの作成では、学習のために計算資源を多く必要とする一方で、学習済みモデルの実行にはそれほどの計算資源は必要とされないためです。

そのため、大量の計算資源を活用して学習したモデルを、ノートブックから読み込んで利用することができれば、最終的なスコアを求めるためのデータが公開されていなくても、ノートブックの中で学習を行うよりも良い結果を期待することができます。

当然ながら、そのような手法を全面的に認めてしまっては、参加者間で利用できる計算資源を均一化するという目的は果たされないことになるので、学習済みモデルの利用に関しては、コンペティションごとにルールが設定されます。

ルールとしては、完全に利用を禁止する場合の他にも、一部の使い方に制限を加えた上で利用を認める場合や、より寛容に全面的に利用を認める場合など、さまざまなパターンが存在します。

たとえば、「APTOS 2019 Blindness Detection」[4]というコンペティションは網膜の画像から糖尿病患者を判定する画像認識のコンペティションですが、画像認識のための機械学習モデルは、畳み込みニューラルネットワークを利用することが一般的であり、利用する技術としては、基本は全員がニューラルネットワークを利用することが想定されます。

●APTOS 2019 Blindness Detection

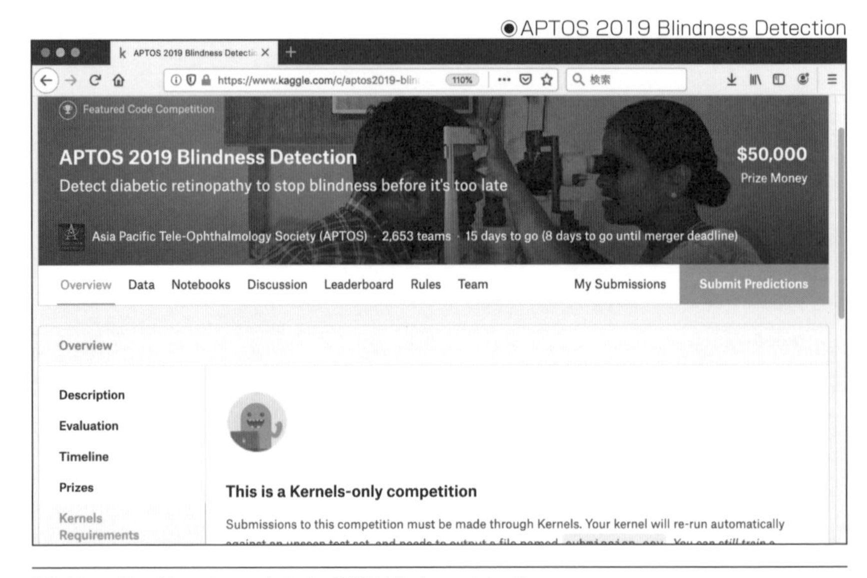

[4]:https://www.kaggle.com/c/aptos2019-blindness-detection

そして、このコンペティションでは、外部データセットとして学習済みモデルを利用することは可となっており、ローカルのコンピューターで学習したモデルをアップロードしてもいいことになっています。

それと同時に、このコンペティションにおけるノートブック(当時の呼び方は「カーネル」)は、実行時間の制限が9時間まで延長されており、ノートブックだけでも学習が可能なほどの計算資源が提供されています。

一方で、同じ時期に開催された「Severstal: Steel Defect Detection」[5]というコンペティションでは、同じく画像認識のコンペティションで、外部データセットとして学習済みモデルを利用することは可となっています。

●Severstal: Steel Defect Detection

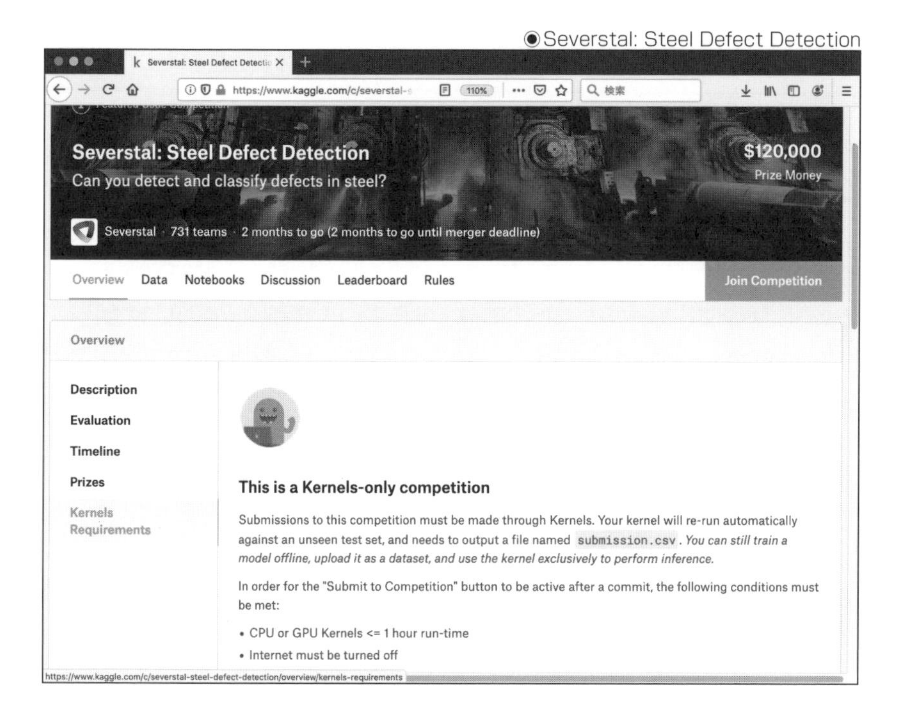

ただし、ノートブック(当時の呼び方は「カーネル」)の実行時間の制限は1時間なので、ノートブックの中で学習を行うことはあまり現実的ではなく、ローカルのコンピューターで学習済みモデルをアップロードして使用することを前提にしているようです。

[5]:https://www.kaggle.com/c/severstal-steel-defect-detection/overview/kernels-requirements

他にも自然言語処理のコンペティションでいえば、前章でも紹介した「Jigsaw Unintended Bias in Toxicity Classification」[6]コンペティションでは、学習済みモデルを利用することは可、ただし、最終的な提出物として利用する場合、そのモデルをコンペティションの締め切り1週間前までに公開し、使い方も含めてディスカッションページにある公式のスレッドで報告しなければならない、というルールが設けられていました。

これは、明らかにBERTのモデルを想定したルールです。BERTでは、まず大量の一般的な文章から学習済みモデルを作成し、その後に特定の目的に即した、追加の学習を行います。

このうち最初の、一般的な文章からの学習には大量の計算資源が必要な一方で、その後の追加学習にはそれほどの計算資源は必要とされない、という特徴があります。

そのため、Jigsawのコンペティションでは、そのようなルールを設けることで、BERTなどのモデルを利用できるようにしています。

会社としてのJigsawはAlphabet傘下のGoogleグループであり、BERTを発明したのも同じGoogleの研究者であることを考えると、BERTを利用するように誘導するルールだったのではとすら思いますが、いずれにせよ「ノートブックオンリー」などのコンペティションのルールは、その時点で利用すると想定されている技術に応じて作成されているわけです。

[6]：https://www.kaggle.com/c/jigsaw-unintended-bias-in-toxicity-classification

SECTION-13

データを深掘りする

データを深掘りする重要性

データサイエンティストの本来の役割は、必ずしも機械学習モデルのトレーニングを行うだけではありません。本質的なデータサイエンティストの仕事は、与えられたデータを解析し、有効な知見を導き出すことにあります。

Kaggleのコンペティションにおいてもそれは同様で、スコアを向上させて上位に入賞するためには、まず何より与えられたデータについて、よく理解することが必要不可欠です。

◆ データ解析ノートブックをよく読む

では、コンペティションのデータを深掘りするにはどのような手法をとるべきでしょうか。

Kaggleでは、コンペティションの種類によって、単純な行列からなるデータだけではなく、連結されたテーブルのデータや、画像などのマルチメディアなど、さまざまな形式のデータが使用されます。

そのため、一般的にこのようにデータを解析すれば、そこから有効な知見が得られる、といえるものはありません。

したがって、そのためには各人が自らのスキルアップを図るしかないわけですが、コンペティションで公開されている、データの解析を行うノートブックをよく読めば、そのための手法をいろいろと学ぶことができます。

たとえば、前章でも紹介した「Titanic」コンペティションのノートブックでは、乗客の家族構成によって事故時の生存率がどのように変わるかという観点から、興味深い解析を提供していました。

また、ここでは「Santander Value Prediction Challenge」[7]というコンペティションのノートブックを紹介しますが、このコンペティションでもさまざまなデータ解析ノートブックが公開されており、データに含まれている知見をいろいろな角度から眺めることができます。

[7]：https://www.kaggle.com/c/santander-value-prediction-challenge

その中の1つである「Breaking Bank - Santander EDA」[8]というノートブックでは、コンペティションのデータに対する統計的な解析を行っており、データ中の値がどのように分布しているかなどから、実データの匿名化の際に使われたであろう手法まで、わかりやすく可視化しています。

●Breaking Bank - Santander EDAノートブック

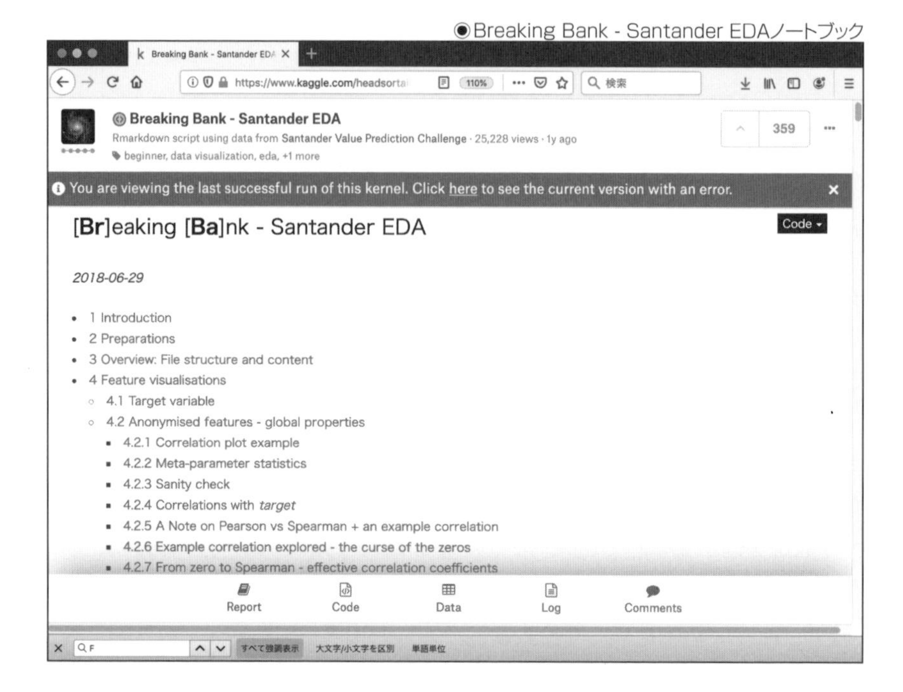

実際のコンペティションでの例

さて、データの深掘りの重要性について解説する際に、「Santander Value Prediction Challenge」[9]コンペティションを持ち出したのは、このコンペティションでは実際にデータの解析から、重要なソリューションが生み出された経緯があるためです。

以降では、実際のコンペティションで、データの深掘りから、スコアを大きく向上させるソリューションが登場した経緯を紹介します。

[8]:https://www.kaggle.com/headsortails/breaking-bank-santander-eda
[9]:https://www.kaggle.com/c/santander-value-prediction-challenge

●「Santander Value Prediction Challenge」コンペティション

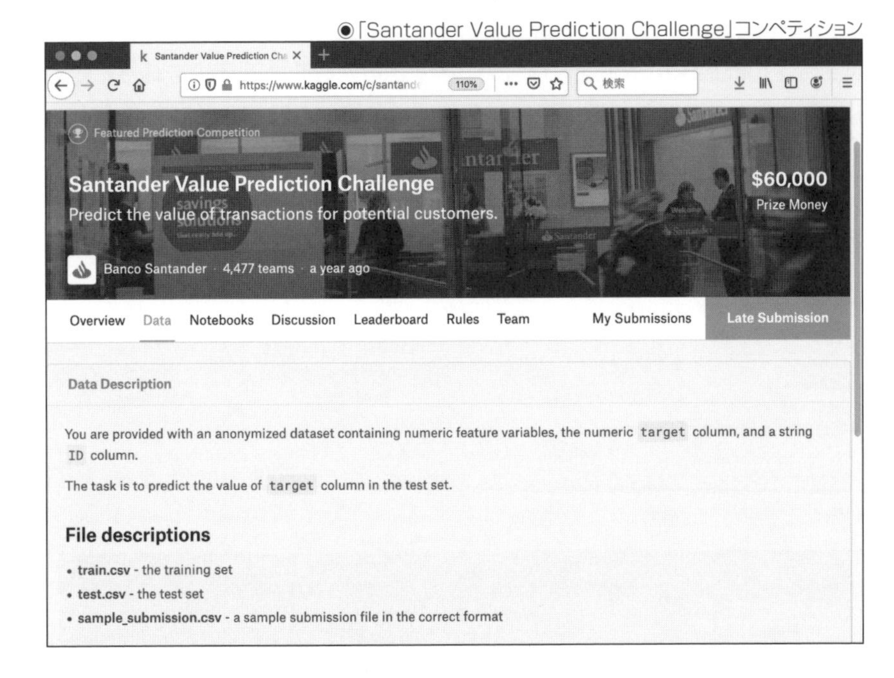

◆ コンペティションのデータ

このコンペティションは、スペインのサンタンデール銀行が主催し、顧客の金融取引のトランザクションを予測するものでした。

当然、銀行の顧客の取引情報は秘密にされなければならない機密情報なので、コンペティションに提供されるデータは、すべて匿名化され、データの形式や値も実際のデータそのものではなく、そこから金融取引の情報を導出することはできないように変形されています。

そのデータは、通常の行列形式からなるCSVデータで、複雑なテーブル形式でも、画像のようなマルチメディアが関連するわけでもない、極めてシンプルな形式のデータでした。

ただし、データの個数(CSVの行数)に比べて、データ内の次元数(CSVの列数)が多く、モデルのトレーニング時に大きな列数をどのように扱うか、が、コンペティションの初期における競争のテーマとなっていました。

コンペティションの開催直後に作成される「baseline」ノートブックでも、主にその点での工夫が主流で、そのときは次元圧縮にアンサンブル学習のアルゴリズムを組み合わせる手法が人気となっていました。

一例を挙げると、筆者が作成した「CatBoost, StackedAE with MXNet, Meta [1.40LB]」[10]もその1つで、多すぎる列数を次元圧縮を使って圧縮し、データ内の無駄な情報を機械学習モデルを使ってそぎ落とすことを目的としていました。

◉「baseline」ノートブックの1つ

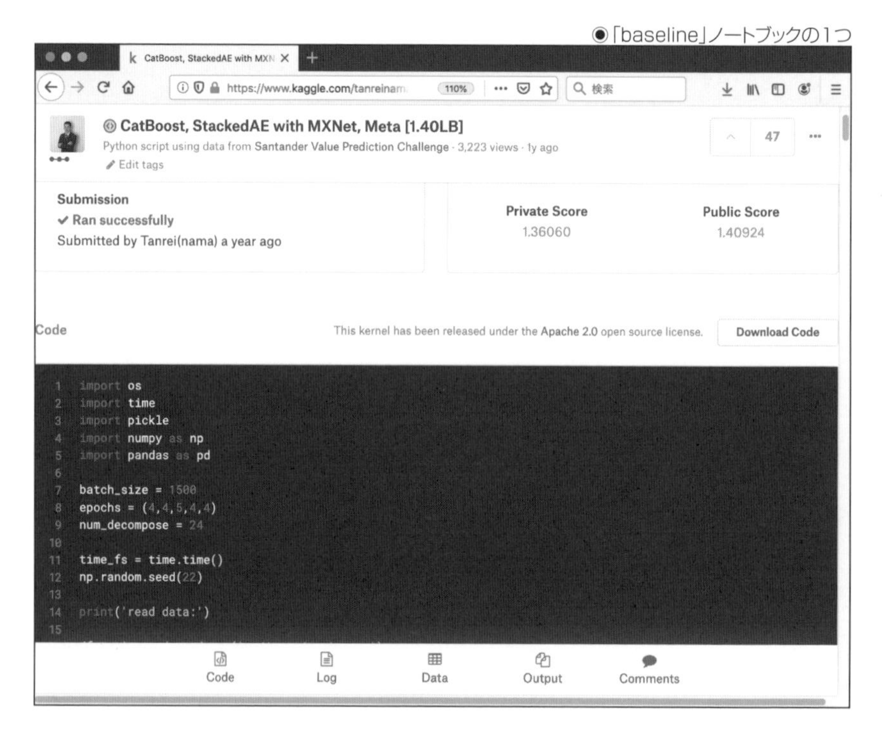

◆ダミーデータの発見

ところが、コンペティションが進行するにつれて、データの深掘りを行う参加者から、サンタンデール銀行が提供したデータに内在するさまざまな特徴が報告されてきます。

それらは、公開ノートブックの他に、ディスカッションのページでも盛んに議論され、中には、サンタンデール銀行がどのようにデータを匿名化しているのか、といった、コンペティション主催者の考え方をなぞることでデータの特性を説明しようとする参加者も現れます。

[10]：https://www.kaggle.com/tanreinama/catboost-stackedae-with-mxnet-meta-1-40lb

そうしたディスカッションは、たとえば「64% fake rows in test data set」[11]というスレッドなどに経緯が残っています。このスレッドでは、特定の64%の列を削除した状態で機械学習モデルのトレーニングを行っても、スコアが変化しないことが報告されています。

◉データの特性を報告するスレッド

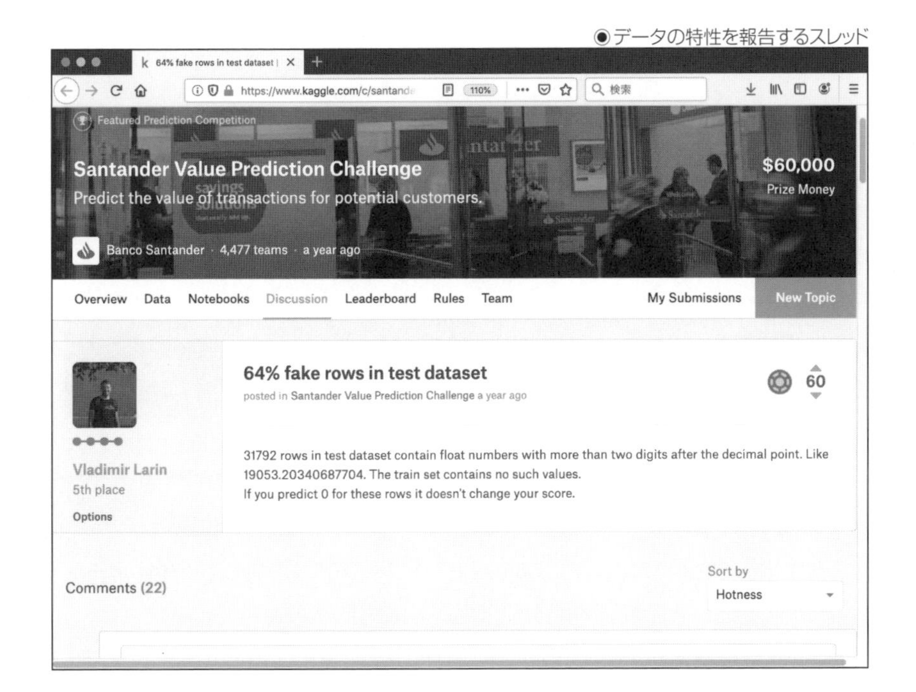

そして、このような報告を通じて、コンペティションの参加者は、どうやらサンタンデール銀行はデータを作成する際に、あえてノイズとなるダミーデータを混入させることで、機械学習モデルの作成を難しくしているのではないか、という結論に達します。

「Santander_46_features」[12]という公開ノートブックがその結論を裏付けるもので、コンペティションで使用するCSVデータのうち、わずか46列のみが意味のあるデータであり、残りの列をすべて削除しても、結果には影響しないことが示されます。

[11]:https://www.kaggle.com/c/santander-value-prediction-challenge/discussion/61288
[12]:https://www.kaggle.com/static/images/medals/kernels/goldl@1x.pngSantander_46_features

◉「Santander_46_features」ノートブック

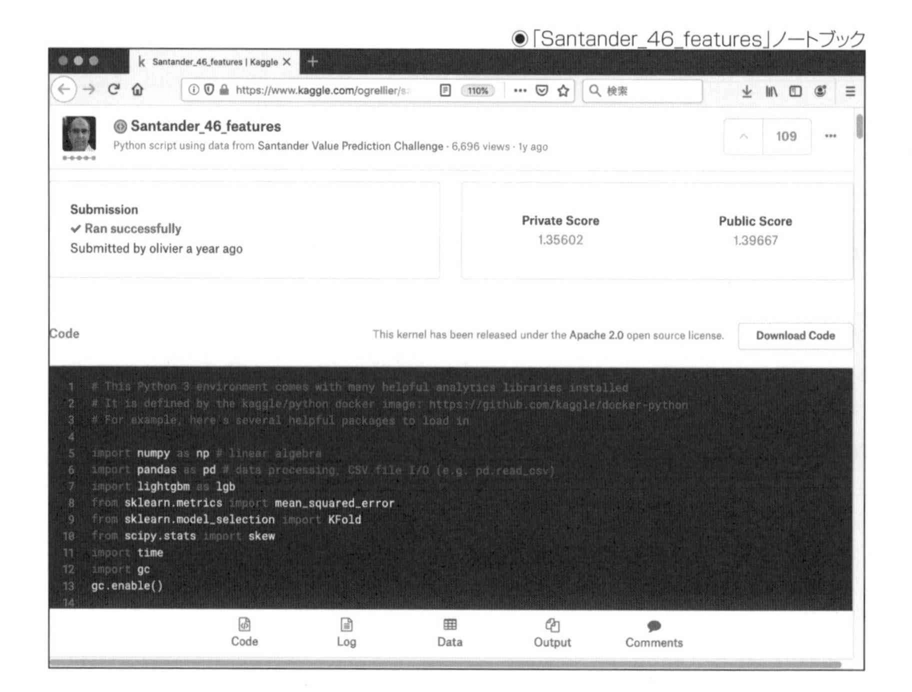

◆目的変数のリーク

それ以降、コンペティションの競争は、サンタンデール銀行が提供したデータを深掘りして、その特性を有効活用していく方向へと進んでいきます。

その中でも決定的だったのが、何名かの参加者によって、データの中に「リーク」が含まれていることが発見されたことです。

「リーク」とは、主にKaggle用語で、機械学習モデルのトレーニングに使うはずのデータに、目的変数を直接、推測できてしまうデータが含まれていること(またはそのデータ)を指します。

リークが含まれていると、それが機械学習モデルのトレーニングであれば容易に過学習に陥ってしまいますし、コンペティションのデータにリークが含まれていると、正解となる値を、直接データから推測できてしまうことになります。

たとえていうならば、数学のテストの問題の答えが教室の壁に貼られており、それに気付けば計算を解くことなく正解を提出できる状態にあった、という状況でしょう。これはコンペティションにおいては重大な問題です。

そのリークは、ディスカッションのページや「Breaking LB - Fresh start」[13]というノートブックを通じて報告されました。

ノートブックのタイトルを訳すと、「リーダーボードを壊した。新しいスタート」となることからも、このリークのインパクトの大きさを推し量ることができるでしょう。

◉「Breaking LB - Fresh start」ノートブック

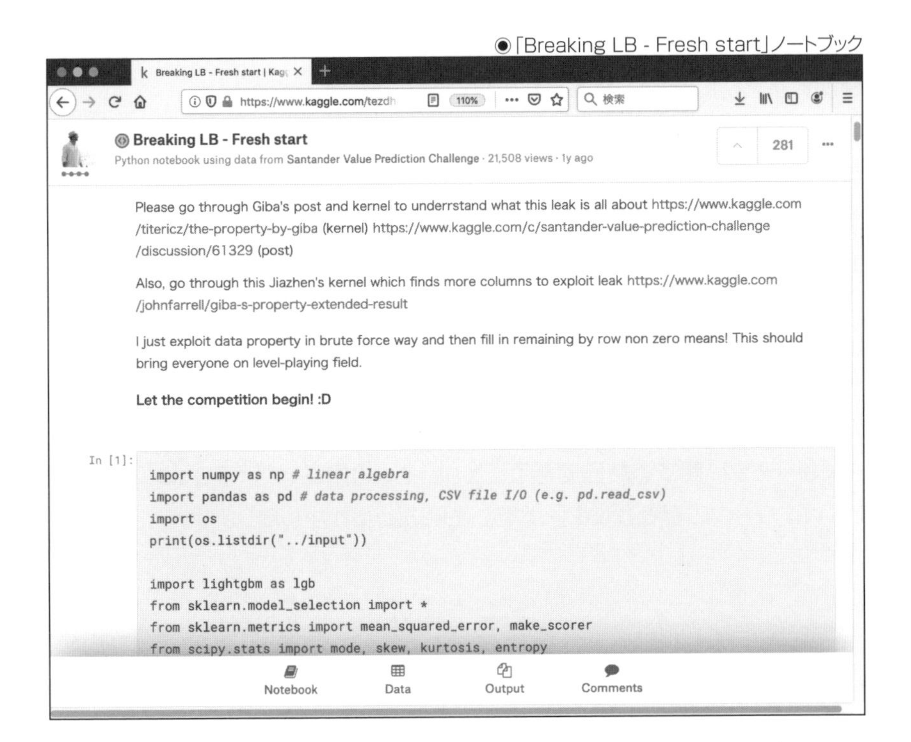

コンペティションのデータ中に含まれているリークは、一度にすべてが発見されたわけではなかったですが、一度リークが含まれているようだと報告があると、多くの参加者が新しいリークを見つけるためにデータを深掘りし出して、次々と多くのリークが見つけられていきます。

最終的には、機械学習モデルで作成された提出物に、リークによって求められたデータを追加することで、スコアの上では約2倍近い向上が起こります。

当然、コンペティションの参加者にとっては、リークによる正解データを組み込まなければ、まったく勝負にならない、という状況に陥ります。

[13]：https://www.kaggle.com/tezdhar/breaking-lb-fresh-start

コンペティションのディスカッションや、公開されているノートブックをまったく追いかけずに、独力のみでKaggleのコンペティションを戦うのがいかに難しいか、ということがこの例からもわかるでしょう。

◆善意によって回復した競技性

ディスカッションのページを、投稿された日時順に並び替えて、当時の状況を振り返ってみると、そのリークが報告されたことによってコンペティションの参加者が大いに動揺している様子が伝わってきます。

たとえば「What is Leaked Data?」[14]というスレッドで「リークとは何ですか?」という質問が投稿されているかと思えば、「Is it still a competition?」[15]というスレッドでは、「まだ競争を続けるつもりなの?」という、コンペティションそのものを仕切り直しするべきではないか、という議論まで巻き起こっています。

特にこの「Is it still a competition?」というスレッドでは、リークの発見は機械学習なのか、という議論などが行われており、歴戦のKagglerたちにとってもこのリークが、特異な状況であった様子が伝わってきます。

実際、ディスカッションのページで多くのVoteを獲得したスレッドのうち、多くがリークに関する話題であることからも、このコンペティションの競争において、リークの存在がいかに大きいものだったかがわかります。

[14]:https://www.kaggle.com/c/santander-value-prediction-challenge/discussion/63757#latest-373735
[15]:https://www.kaggle.com/c/santander-value-prediction-challenge/discussion/63757#latest-373735

●リーク関連の話題

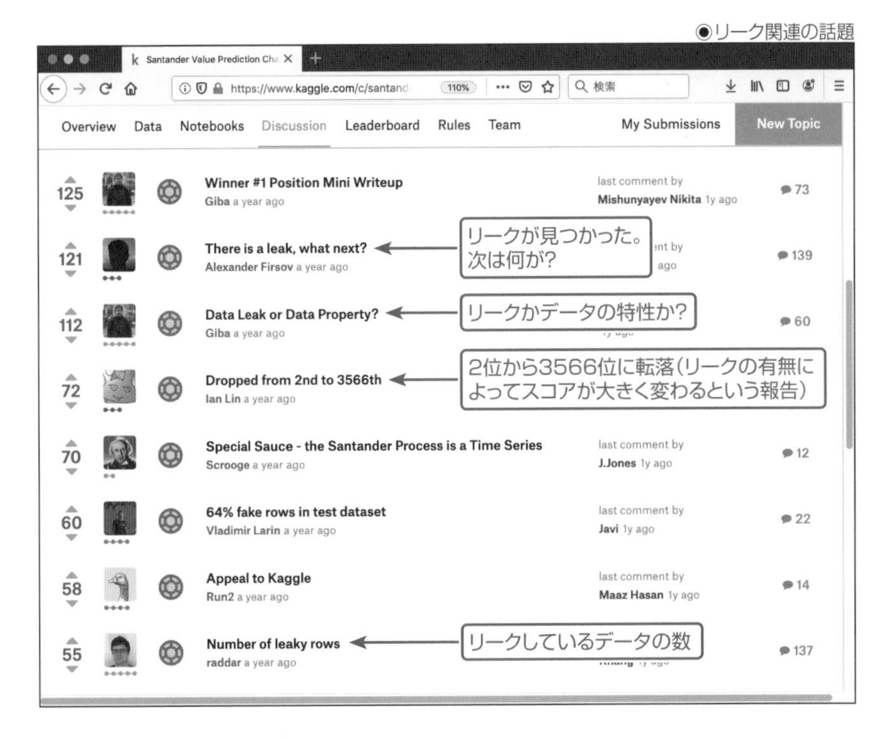

　そのような議論にもかかわらず、結局のところコンペティションは継続ということになり、リークも含めてキャッチアップできた参加者には、その努力に見合う順位が与えられることになりました。

　このコンペティションが、なんとか競技性を保ったまま終了まで進むことができたのは、ひとえにリークの存在を発見した参加者が、そのリークを秘密にしておかずに、公の議論の場で報告してくれたことによるでしょう。

　もし、そうしたリークが報告されないままコンペティションが進行していくと、機械学習モデルの作成を通じて提出物を作成する参加者は、モデルのチューニングなどでは対抗できない、まったく追いつかない絶望的なスコアの差が現れるだけとなっていたはずです。

　公開されている議論の場で、リークの報告があったからこそ、参加者はこのコンペティションの主要な競争は、データの深掘りとリークの発見にあるのだということに気付くことができたのです。

たとえばゴルフのようなスポーツには、ルールブックの文言だけではなく、競技者同士が守るべきマナーのような暗黙のルールが存在します。このコンペティションでの例もそれと同様で、Kaggleにおける暗黙のルールのようなものです。

古くから参加しているKagglerたちには、コンペティションの競技性を大きく損ないかねない情報は、できるだけ共有するという暗黙の了解があるようです。そして、Kaggleのコンペティションは、参加者のそうした善意によって支えられている部分があるのです。

SECTION-14

最新の手法をキャッチアップする

終了したコンペティションから技術の潮流を眺める

Kaggleはもともと、データサイエンティスト向けに、最新の技術を競い合うことで機械学習のスキルを向上させるという目的で作られたものです。

そこで、Kaggleに参加することで最新の手法をキャッチアップして、データサイエンティスト・機械学習エンジニアとしてのスキルアップを図るために、筆者が考える効率的な方法について、いくつか紹介します。

◆技術の潮流を見る

Kaggleの特徴の1つとして、開催が終わった古いコンペティションについても、ディスカッションや公開ノートブックの情報がKaggle上に残されており、当時の技術を追いかけて見ることができるという点があります。

そこで、同じテーマを扱っているコンペティションを、古い順に眺めてみることで、そのテーマに関する技術がどのように進歩してきたかを、系統的に追いかけることができます。

たとえば、2018年から2019年にかけては、自然言語処理の技術が大きく進歩した期間でしたが、その期間中にKaggleで行われたコンペティションをいくつか眺めてみましょう。

●自然言語処理の技術

コンペティション	手法
メルカリ「商品説明から価格の認識」 (2018年2月) Featured Code Competition Mercari Price Suggestion Challenge Can you automatically suggest product prices to online sellers? Mercari · 2,382 teams · a year ago	TF-IDFベクトル+全結合NN ※単語ごとの出現頻度をニューラルネットワークに学習 https://www.kaggle.com/c/mercari-price-suggestion-challenge/discussion/50256
Jigsaw「不適切文章の検出」 (2018年3月) Featured Prediction Competition Toxic Comment Classification Challenge Identify and classify toxic online comments Jigsaw/Conversation AI · 4,550 teams · a year ago	FastText,Glove+GRU+LightGBM ※単語ベクトル辞書を時系列データとして学習しアンサンブル https://www.kaggle.com/c/jigsaw-toxic-comment-classification-challenge/discussion/52557
Avito「広告の文章と画像の分類」 (2018年6月) Featured Prediction Competition Avito Demand Prediction Challenge Predict demand for an online classified ad Avito · 1,871 teams · a year ago	FastText+LSTM+2D-CNN ※文章のデータと画像を同時にニューラルネットワークに学習 https://www.kaggle.com/c/avito-demand-prediction/discussion/59880
Quora「不適切文章の分類」 (2019年1月) Featured Code Competition Quora Insincere Questions Classification Detect toxic content to improve online conversations Quora · 1,400 teams · 6 months ago	Glove,para+OOV Token+LSTM+1D-CNN ※語彙外の単語をOOVトークンとして学習 https://www.kaggle.com/c/quora-insincere-questions-classification/discussion/80568
Jigsaw「不適切文章の分類」 (2019年6月) Featured Code Competition Jigsaw Unintended Bias in Toxicity Classification Detect toxicity across a diverse range of conversations Jigsaw/Conversation AI · 2,646 teams · 2 months ago	BERT+XLNet+GPT2 ※BERTがKaggleに登場 https://www.kaggle.com/c/jigsaw-unintended-bias-in-toxicity-classification/discussion/103280

これらのコンペティションは、コンペティションによって計算能力に制限のあるノートブックオンリーコンペティションであったり、事前に学習させたモデルを使用できたりとルールが異なっているので、直接の比較はアンフェアなものがありますが、当時の優勝者のソリューションも同時に載せておきます。

まず、2018年の2月に行われたメルカリ主催の「Mercari Price Suggestion Challenge」[16]コンペティションでは、オークションに出品された商品の解説文から、その商品の落札価格を求めるという課題が出され、その当時の優勝者は、文章のTF-IDFベクトル作成と全結合ニューラルネットワークを組み合わせた、ある意味でかなり古典的な手法をとっていました。

[16]:https://www.kaggle.com/c/mercari-price-suggestion-challenge

これは、コンペティションのルールがノートブックオンリーコンペティションであったのと、当時のKaggleにおけるノートブックの性能がかなり低かったこともありますが、当時としてはこうした手法は割と一般的なものでした（現在ではより性能の良いノートブックを使ったソリューションが、プライベートリーダーボード上で公開されています）。

2016年のWord2Vecの登場は自然言語処理技術における1つのブレークスルーでしたが、そのWord2Vecから派生したFastTextなどの単語ベクトル辞書をEmbedding層に使用して、RNNを学習させる手法は、2018年の3月に行われたJigsaw主催の「Toxic Comment Classification Challenge」[17]コンペティションなどで見ることができます。

その後は、RNNモデルとしてGRUよりもLSTMが一般的に利用されるようになり、CNNやOut of Vocabulary（OOV）トークンを使用するなどの改良が入れられていきます。

そうした過程は、2018年6月に開催されたAvito主催の「Avito Demand Prediction Challenge」[18]コンペティションや、2019年1月に開催されたQuora主催の「Quora Insincere Questions Classification」[19]コンペティションで見ることができます。

そして、2019年にはBERT、XLNet、GPT2などの新しいブレークスルーが登場し、自然言語処理の技術は一気に進歩することになります。

KaggleにおいてBERTなどの技術がはじめて登場したのは、2019年6月に行われたJigsaw主催の「Jigsaw Unintended Bias in Toxicity Classification」[20]コンペティションが最初と思われます。

このJigsawのコンペティションでは、公開されているノートブックに限定すると、まだLSTMとBERTが競い合う形で競争が行われていましたが、最終的な優勝者のソリューションではLSTMは使われておらず、BERT、XLNet、GPT2という最新の手法をマージしたソリューションが最も良いスコアを出しました。

これにより、自然言語処理の技術の潮流は明らかに一歩進み、単語ベクトル辞書とLSTMを使った分析は、今後のKaggleでは時代遅れのものとなっていくことでしょう。

[17]：https://www.kaggle.com/c/jigsaw-toxic-comment-classification-challenge
[18]：https://www.kaggle.com/c/avito-demand-prediction
[19]：https://www.kaggle.com/c/quora-insincere-questions-classification
[20]：https://www.kaggle.com/c/jigsaw-unintended-bias-in-toxicity-classification

これらの技術の進歩が、ほぼ1年半程度の期間に行われて、その進化の潮流を直接スコアの向上という視点から眺めることができるのが、Kaggle上での技術のキャッチアップにおけるメリットとなります。

◆ 入賞したソリューションのまとめ

古いコンペティションの記録をたどっていくのが面倒だという場合は、コンペティションに入賞したソリューションの記録をテーマごとにまとめてGitHubに公開している方がいるので、その記録を見ることをお勧めします。

コンペティションの記録は、interviewBubbleというGitHubユーザーが作成しているもので、次のURLから見ることができます。

URL https://github.com/interviewBubble/Data-Science-Competitions

●コンペティションの記録

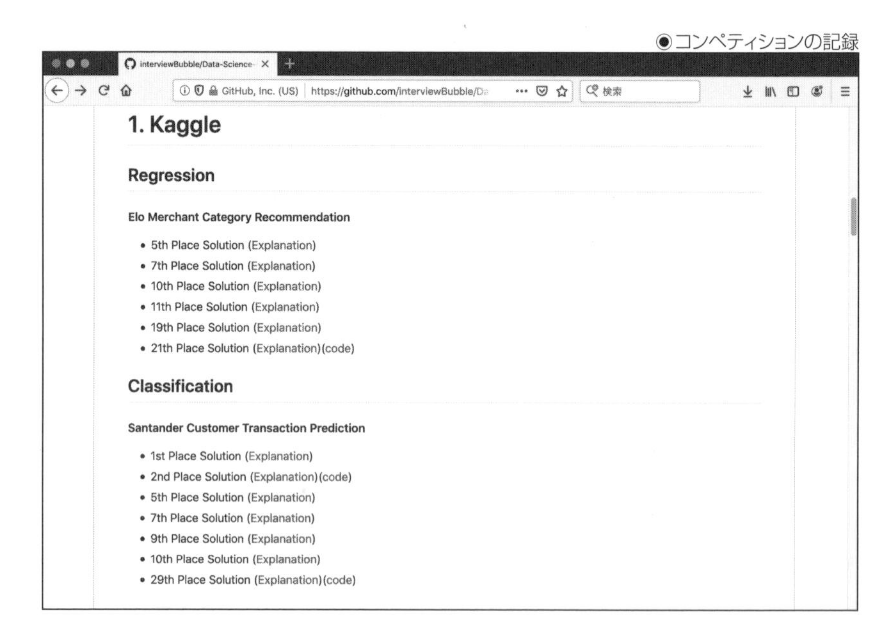

ただし、コンペティションの記録にある入賞したソリューションは、そのコンペティションが開催された当時のソリューションなので、注意が必要です。

キャッチアップしたい技術に関するコンペティションの記録を見ても、そのコンペティションの開催時期が古かったりした場合は、入賞したソリューションであっても最新の手法ではない可能性があります。

大抵のコンペティションの場合、コンペティションが終了した後であっても、プライベートリーダーボード上で最新の手法によるソリューションが公開され続けるので、入賞したソリューションだけを見るのではなく、コンペティションのディスカッションページや、現在進行形で開催中のコンペティションを追いかけることも、技術のキャッチアップには重要な要素となります。

機械学習モデルのチューニング手法を尋ねる

Kaggleに登録し、いくつかコンペティションに参加するようになると、当然より上位に入賞することが目標になっていくことでしょう。

しかし、コンペティションスコアを向上させていくには、最新の手法を追いかけておくことのみならず、機械学習モデルの作成について、深い知識と確実な技術力が必要になります。

また、コンペティション競争で上位に入賞するためには、細かいモデルのチューニングも欠かせません。

機械学習モデルの性能を向上させる手法については、機械学習の技術書などを参考にしてもらうとして、ここではKaggle上でそうした手法が解説されている例を紹介します。

◆ パラメーターのマトリクスを作る

最初の章で解説したように、Kaggleでは初心者であっても気軽にわからないことを質問し、回答がもらえるディスカッションのページが存在します。

そして、機械学習の初心者は、コンペティションなどのディスカッションにおいて、機械学習モデルをどのようにチューニングすれば良いか尋ねて回答をもらっています。

ここでは一例として、Santanderが行ったコンペティション[21]でのディスカッションを見てみましょう。

このディスカッション[22]では、LightGBMというアンサンブル学習のアルゴリズムについて、モデルのチューニング方法が質問されています。

[21]：https://www.kaggle.com/c/santander-customer-transaction-prediction/
[22]：https://www.kaggle.com/c/santander-customer-transaction-prediction/discussion/82319

1
2
3
4
5 Kaggleマスターへの道
A

●LightGBMのチューニング方法

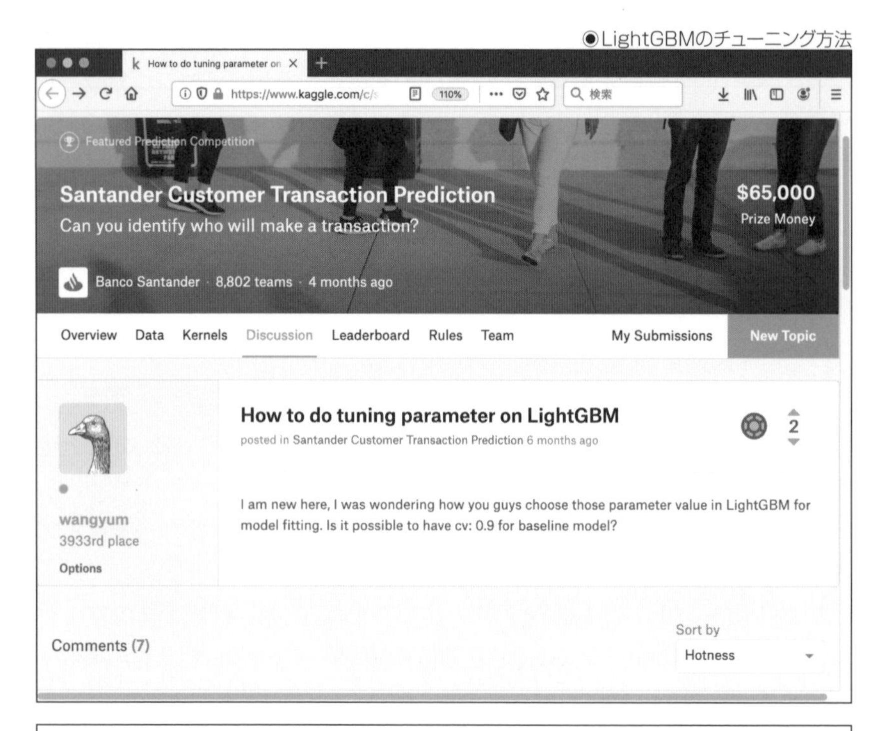

【訳】
LightGBMのパラメーターのチューニングはどのようにしますか？

もちろんコンペティションは競争ですから、ディスカッションで質問したからといって、上位に入賞できるだけの手法をそのまますぐ教えてもらえるはずはありません。

しかし、あくまで一般的なチューニング手法であったり、基本的な方向性については、親切な参加者が教えてくれます。

この場合は、基本的には学習パラメーターのマトリクスを作って、最も良い交差検証スコアが出てくるものを使用する、という回答がつきました。

また、学習パラメーターのマトリクスを作るには、単純にリスト化してはメモリが足りなくなるので、機械学習モデルのチューニング用に作成されたライブラリを使用することが一般的です。

●パラメーターのマトリクスをテストする方法

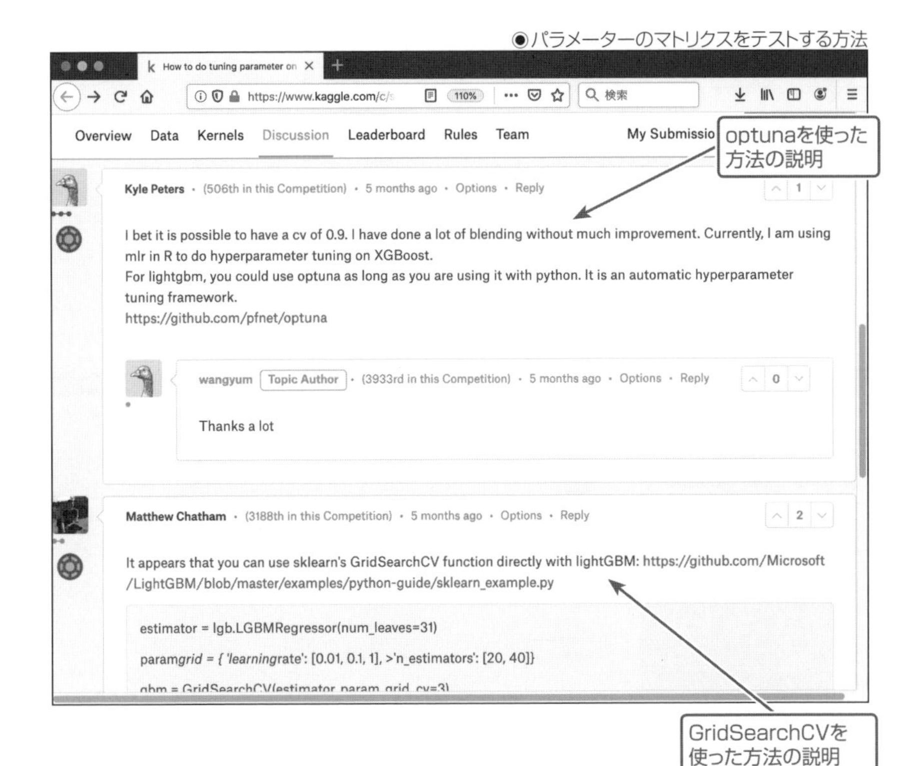

そのためのライブラリについても、Scikit-leanのGridSearchCV[23]を使う方法や、optuna[24]というライブラリを使う方法などが説明されました。

このような一般的な手法については、普通に機械学習の教科書を読めば乗っているレベルではありますが、ごく単純にKaggle上で質問をしてみる、という方法でも回答を得られるわけです。

[23]:https://scikit-learn.org/stable/modules/generated/sklearn.model_selection.GridSearchCV.html
[24]:https://github.com/pfnet/optuna

◆アルゴリズムに適したチューニングを行う

　また、機械学習モデルによっては、その学習アルゴリズムに適したチューニング方法というものがあり、ただ闇雲にパラメーターのマトリクスを試せば良い、というものではありません。

　実際、先ほどのLightGBMのチューニング方法についても、LightGBMの公式がパラメーターのチューニング方法を、わざわざ独立したページで解説[25]しており、本来ならばそれを読む方が、正しい学習の道でしょう。

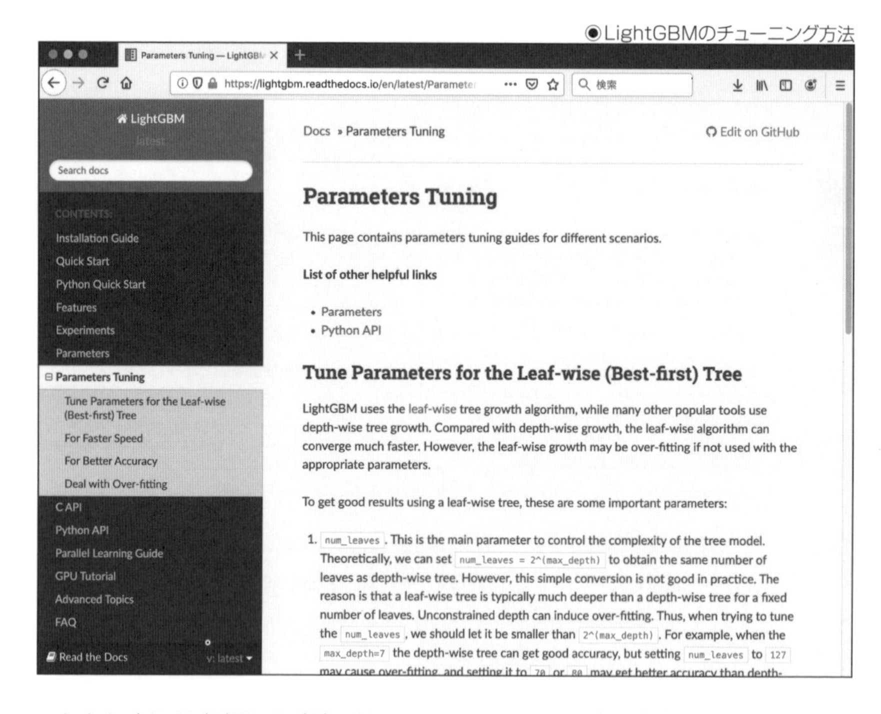

◉LightGBMのチューニング方法

　しかし中には怠慢にも(?)、Kaggleのフォーラム上で直接アイデアを求めるディスカッションを立ち上げるKagglerもいます。

　「How to Tuning XGboost in an efficient way」というタイトルのディスカッション[26]では、コンペティション内ではなく一般的な話題について扱うフォーラム上で、XGBoostというアンサンブル学習のアルゴリズムのチューニングについて、有効な手法やアイデアを求めています。

---
[25]:https://lightgbm.readthedocs.io/en/latest/Parameters-Tuning.html
[26]:https://www.kaggle.com/general/17120

●XGBoostのチューニング手法を求めるディスカッション

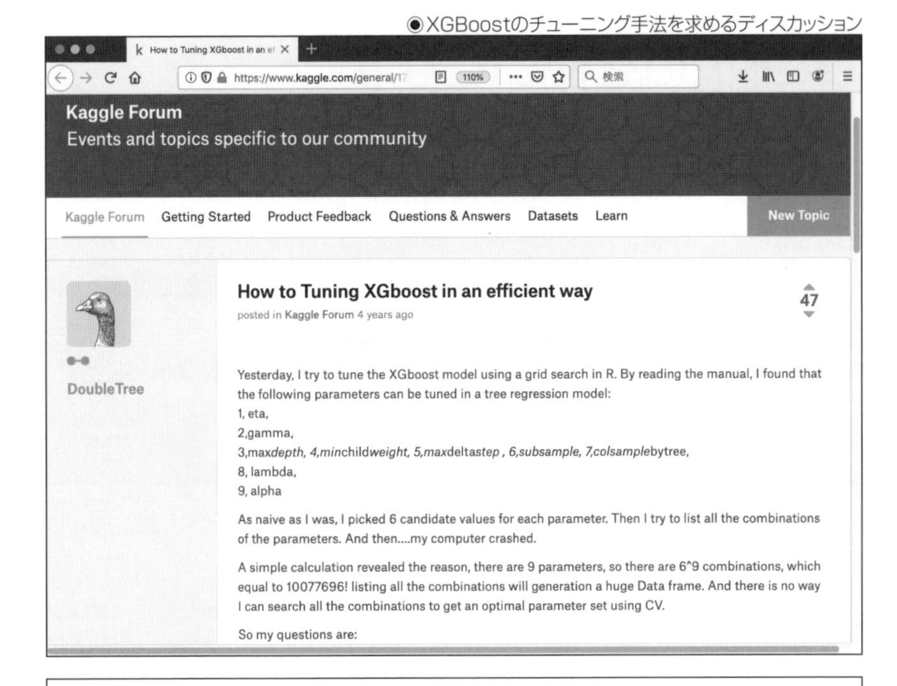

【訳】
XGboostを効率的な方法でチューニングする方法

　こちらのディスカッションでは、特定のパラメーターの意味についての解説や、XGBoostのチューニング手法について詳しく解説されたブログページへのリンクなど、先ほどのLightGBMのチューニング方法についてのディスカッションよりも、いくらか詳細な情報が回答されています。

　繰り返しになりますが、このように、物怖じせずにどんどんわからないことを質問して回ることが、Kaggleを活用するための最も良い手法であるように思います。

SECTION-15

Kaggleを使いこなす

公開データセット

これまでは、コンペティションでの事例を中心に、Kaggle上での活動がどのようなものであるかを紹介してきました。

しかし、Kaggleを活用する方法は、何もコンペティションへ参加することばかりではありません。

ここでは、Kaggleに用意されているデータセットやAPIを使用することで、プラットフォームとしてKaggleを活用する方法について解説をします。

◆研究用のデータセットを利用する

機械学習アルゴリズムには、何らかのデータを学習させさえすれば、何かしらの結果が帰る、という特徴があります。

そのため、機械学習アルゴリズムを作成したり、アルゴリズムの動作をチェックしたりする際には、単純に動くか動かないかだけではアルゴリズムの評価ができない、という問題が発生します。

そこで、一般的なアルゴリズムについて研究する際には、まず最初は広く公開されているデータセットを使用して、アルゴリズムの性能を評価することが一般的です。

そうしたデータセットは、基本的に研究目的で作成されたものなので、大学などの学術機関が用意している場合があります。

例としては、カリフォルニア大学アーバイン校が用意している「UCI Machine Learning Repository」[27]などが有名で、学術論文などでも利用されることが多い多様なデータセットが用意されています。

[27]:http://archive.ics.uci.edu/ml/index.php

◉UCI Machine Learning Repository

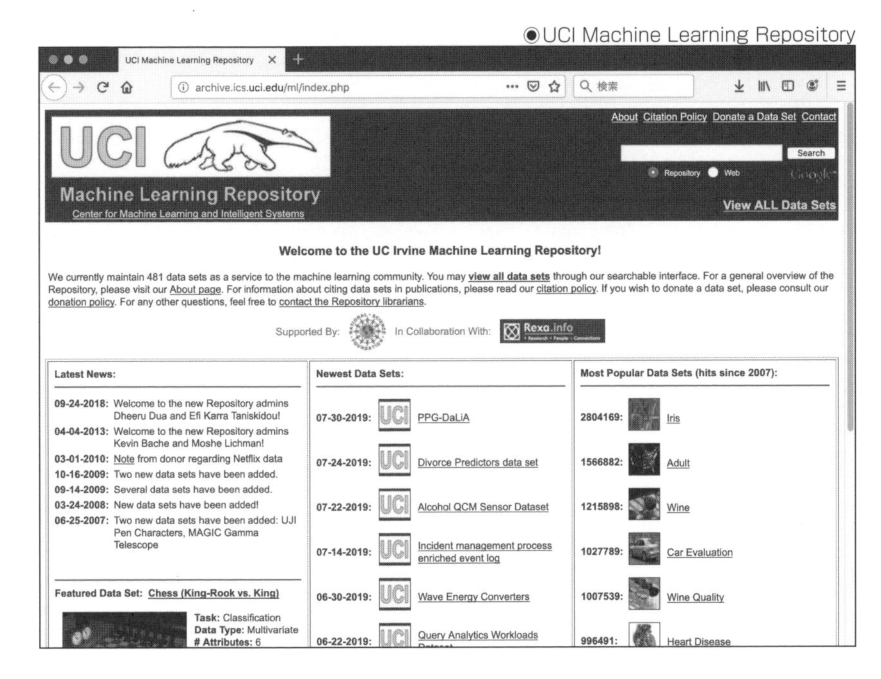

しかし、近年では、ビッグデータ解析などビジネス目的での機械学習の利用が増えた上に、使用するデータセットのサイズもどんどん大きなものになってきています。

いうまでもなく、データセットのサイズが大きくなれば、ストレージ容量などの問題から、予算の限られた大学の公開リポジトリのみに頼り切ることはできなくなってしまいます。

また、そうしたビジネス目的で作成されたデータセットは、一般に公開されたとしても、学術機関が公開するような完全に自由なデータとしてではなく、ライセンスなどの制限がかけられることもあります。

さらに、単純に、収集元のデータのライセンス制限から、大学などの学術機関が公開するにはふさわしくない場合もあるでしょう。

そうしたデータセットは、たとえばImageNet[28]のように、個別のサイトで公開される場合もありますが、最近ではKaggle上のデータセットとして公開される例も増えているようです。

[28]：http://www.image-net.org/

◉Kaggleのデータセット

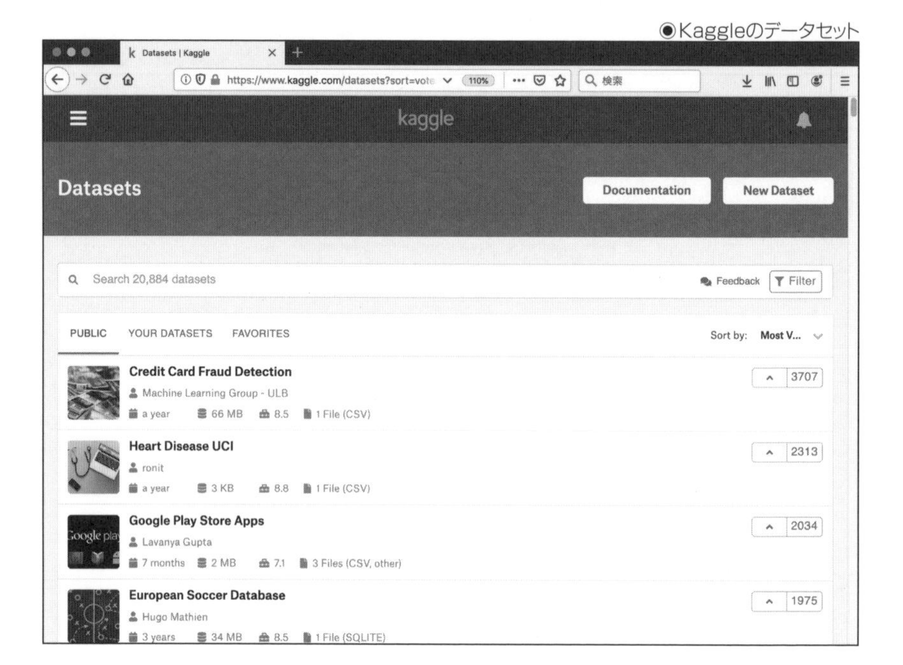

◆データストレージとして利用する

また、個人として、データセットを利用する際にKaggle上のデータセットをストレージとして利用することもできます。

いうまでもありませんが、Kaggleを利用するメリットは、専用のストレージやサーバーを用意しなくても済むことです。また、多くのデータサイエンティストの目に付きやすい、というメリットもあります。

これまで、そうした目的には、GitHubなどのサービスが利用されることが多かったですが、Kaggleにはノートブックと連動して、直接解析プログラムを動作させることができる、というメリットがあります。

また、Amazon Web Service(AWS)のS3ストレージなどと比べると、無料で利用できるという点がメリットとなります。

データセットで利用できるファイル

Kaggle上のデータセットで利用できるデータ形式は、Kaggleのドキュメント[29]に記載されていますが、基本的にファイルとして保存されたデータとなります。

また、BigQueryを利用することで、Google Cloud Platform上のデータと連動するデータセットを作成することもできます。BigQueryを利用すれば、データセットのサイズの上限がなくなり、代わりにGoogle Cloud Platformから30日間で5TBまでのデータ転送を行うことができるようになります。

◆ 利用できるファイルの種類

Kaggleのデータセットでは、基本的にはどのような種類のファイルであってもアップロードして利用することができます。

ただし、ノートブックから利用することを考えると、CSVやJSON、SQLiteなどの、プログラムから容易に読み込むことができる形式であることが望ましいでしょう。

また、ZIPなどのアーカイブにまとめられたファイルは、ノートブックからは、アーカイブファイルの名前が付けられたディレクトリ内に配置されている、という状態で利用できるようになります。

ZIPなどで圧縮されている場合、データセットとしてのサイズは圧縮後のサイズが適用されるので、サイズの大きいファイルを扱う場合、適切にデータ圧縮を行うことで、データセットのサイズ制限を超えるデータを扱うことができます。

◆ ファイルサイズの上限

Kaggle上のデータセットに配置できるサイズの上限については、当初は500MBまでだったのが、後に6GBまで、現在では20GBまでと、段階的に引き上げられてきました。

これは、公開設定されているデータセットひとつあたりのサイズの上限で、非公開に設定されているプライベートなデータセットの場合、プライベートデータセットすべての合計が20GBまで、という制限もあります。

さらに、データセットの一番上のディレクトリ内には、50個までのファイルを配置できます。

---

[29]:https://www.kaggle.com/docs/datasets

それ以上のファイルを使用する場合は、ZIPなどのファイルにアーカイブして、ディレクトリ内にあるファイルとして扱う必要があります。

これらの上限は、Kaggleのプラットフォームが頻繁にアップグレードされるため、最新の情報を、Kaggleのドキュメント[30]から入手するようにしてください。

Kaggle API

Kaggle APIとは、Kaggleのプラットフォームをコマンドライン上から利用するためのツールを指します。

これは、Amazon Web ServiceにおけるAWSコマンドラインインターフェイス(CLI)に相当するもの、といえばわかりやすいでしょう。

Kaggle APIは、Linuxなどで動作するコマンドラインプログラムとしてローカルのコンピューターにインストールされ、コマンドラインから引数を与えてプログラムを実行することで、Kaggle上で特定の操作を実行させることができます。

◆Kaggle APIのインストール

Kaggle APIは、Pythonに付属するパッケージ管理ツールの「pip」を使用してインストールします。pythonおよびpipがインストールされていない場合は、まずpipをインストールする必要があります。

Pythonのインストールには、Ubuntuであれば、次のコマンドを実行します。

```
$ sudo apt install python python3
```

また、pipをインストールするには、Ubuntuであれば、次のコマンドを実行します。

```
$ sudo apt install python-pip python3-pip
```

それ以外のプラットフォームでPythonおよびpipをインストールする方法については、Pythonのホームページ[30]を参照してください。

pipがインストールされていれば、後は次のコマンドを実行すれば、Kaggle APIがローカルのコンピューターにインストールされます。

```
$ sudo pip install kaggle
```

[30]:https://www.kaggle.com/docs/datasets
[31]:https://www.python.org

◆ API Tokenをダウンロードする

次に、Kaggleへのログイン情報を、API Tokenとしてダウンロードします。

Kaggle上へログインしている状態で、「https://www.kaggle/<アカウント名>/accounts/」にアクセスすると、次のようにユーザーアカウントのページが表示されます。

そこで下にスクロールし、「API」の項目になる、「Create New API Token」ボタンをクリックすると、API TokenとなるJSONファイルがダウンロードされます。

●API Keyのダウンロード

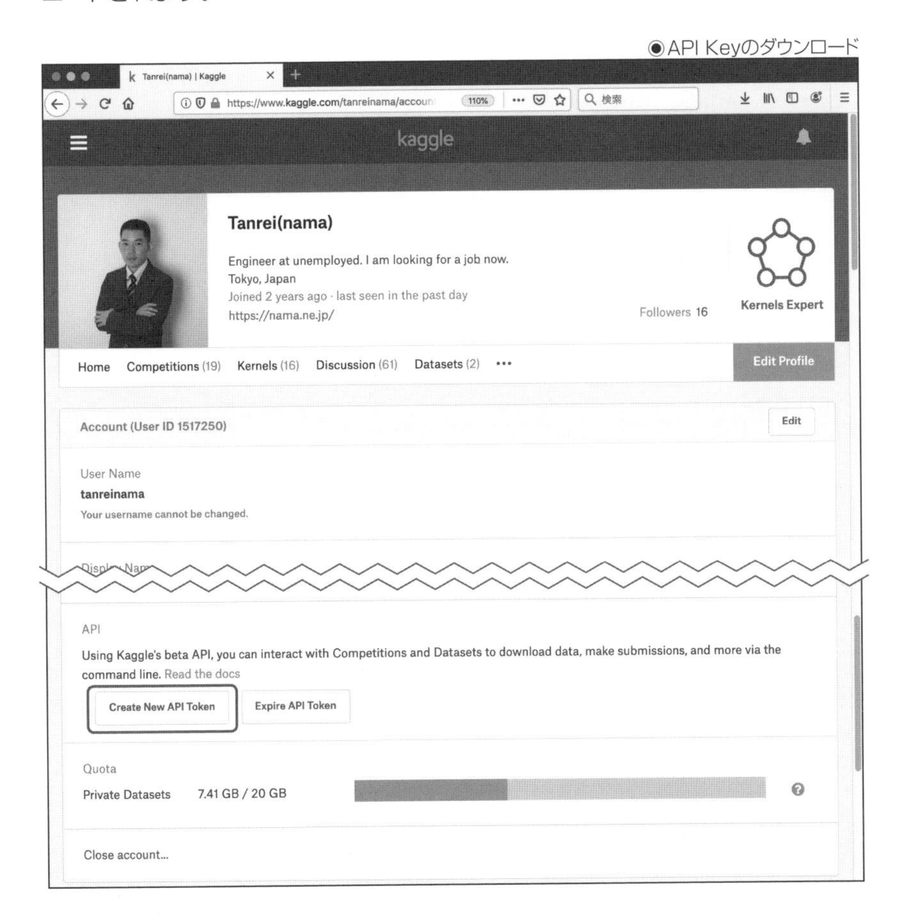

後は、ダウンロードしたJSONファイルを、ローカルのコンピューターにおけるユーザーのホームディレクトリ以下の、「.kaggle/kaggle.json」として保存します。

◆Kaggle APIを利用する

以上でKaggle APIを利用する準備が整いました。

Kaggle APIは、コマンドラインから「kaggle」コマンドを実行することで呼び出すことができます。

試しに、「kaggle」コマンドから現在Kaggleで開催されているコンペティションの一覧を取得してみましょう。

現在Kaggleで開催されているコンペティションの一覧は、「kaggle competitions list」というコマンドで取得することができます。

```
$ kaggle competitions list
ref                                                 deadline             category
reward  teamCount  userHasEntered
--------------------------------------------  -------------------  ---------------  ---
------  ---------  --------------
digit-recognizer                                    2030-01-01 00:00:00  Getting Started
Knowledge      2813             True
titanic                                             2030-01-01 00:00:00  Getting Started
Knowledge     11122             False
house-prices-advanced-regression-techniques         2030-01-01 00:00:00  Getting Started
Knowledge      4405             True
imagenet-object-localization-challenge              2029-12-31 07:00:00  Research
Knowledge        50             False
competitive-data-science-predict-future-sales       2019-12-31 23:59:00  Playground
Kudos      4081             False
cat-in-the-dat                                      2019-12-09 23:59:00  Playground
Swag       226             False
・・・(略)
```

また、コンペティションのファイルを表示しダウンロードするには、「kaggle competitions files ＜コンペティション名＞」「kaggle competitions download ＜コンペティション名＞」というコマンドを実行します。

```
$ kaggle competitions files digit-recognizer
name                   size   creationDate
---------------------  -----  -------------------
train.csv               73MB  None
test.csv                49MB  None
sample_submission.csv  235KB  2016-05-16 01:41:34

$ kaggle competitions download digit-recognizer
Downloading train.csv to /home/ubuntu/kaggle
```

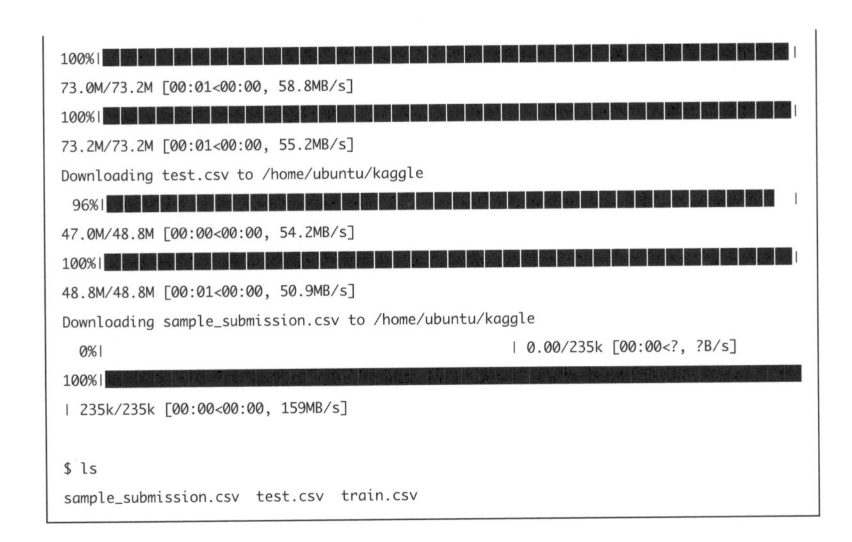

```
100%|████████████████████████████████████████|
73.0M/73.2M [00:01<00:00, 58.8MB/s]
100%|████████████████████████████████████████|
73.2M/73.2M [00:01<00:00, 55.2MB/s]
Downloading test.csv to /home/ubuntu/kaggle
 96%|██████████████████████████████████████▌ |
47.0M/48.8M [00:00<00:00, 54.2MB/s]
100%|████████████████████████████████████████|
48.8M/48.8M [00:01<00:00, 50.9MB/s]
Downloading sample_submission.csv to /home/ubuntu/kaggle
  0%|                                        | 0.00/235k [00:00<?, ?B/s]
100%|████████████████████████████████████████
| 235k/235k [00:00<00:00, 159MB/s]

$ ls
sample_submission.csv  test.csv  train.csv
```

そして、解析結果のファイルをコンペティションに提出するには、「kaggle competitions submit -f <ファイル名> -m <コメント> <コンペティション名>」というコマンドを実行します。

提出した結果のリーダーボード上のスコア確認するには、「kaggle competitions submissions <コンペティション名>」というコマンドを実行します。

```
$ kaggle competitions submit -f submission.csv -m "API test" digit-recognizer
100%|████████████████████████████████████████|
235k/235k [00:05<00:00, 41.1kB/s]
Successfully submitted to Digit Recognizer

$ kaggle competitions submissions digit-recognizer
fileName                            date                 description
status    publicScore  privateScore
---------------------------  -------------------  ---------------------------------
---------------------------------------------------------------------------------
--------  -----------  ------------
submission.csv                 2019-09-04 06:57:04   API test
complete  0.10014      None
```

その他のKaggle APIの使い方は、Kaggleのドキュメント[32]、またはKaggle APIのGitHubページ[33]を参照してください。

[32]:https://www.kaggle.com/docs/api
[33]:https://github.com/Kaggle/kaggle-api

Kaggle APIによる機械学習の自動実行

Kaggleのデータセットと Kaggle API、それにノートブックを利用することで、Kaggleのプラットフォームをクラウド上のSaaSプラットフォームとして利用できるようになります。

ここでは、ローカルのコンピューターにあるデータをデータセットにアップロードして、ノートブックによるデータ解析を行い、その結果をダウンロードする方法を紹介します。

ここで紹介する方法をスクリプト化して、自動実行するように設定すれば、Kaggleのプラットフォームを機械学習プラットフォームとして利用するボットが作成できます。

◆初期データセットの作成

ここでは、Kaggle APIの使い方を解説するだけなので、使用するデータはダミーのCSVファイルとします。

まず次のように、ローカルのコンピューター上に「kaggle_api_test」というディレクトリを作成し、その中に「in.csv」というファイルを作成します。

```
$ cat kaggle_api_test/in.csv
1,2,3
```

「in.csv」の中身は、いくつかの数字をカンマで区切っただけのダミーデータです。

そして、そのCSVファイルをKaggleのデータセットとしてアップロードしますが、そのためにはKaggle上のデータセットに設定するメタデータを指定する必要があります。

メタデータはJSONファイルとして作成し、同じく「kaggle_api_test」ディレクトリ内に配置しておきます。

作成するJSONファイルの名前は「dataset-metadata.json」という名前で、次のような内容になります。

```
$ cat kaggle_api_test/dataset-metadata.json
{
  "title": "Sample Dataset",
  "id": "<Kaggleユーザー名>/sample-dataset",
  "licenses": [{"name": "CC0-1.0"}],
  "resources": [
    {
          "path": "in.csv",
          "description": "This is test"
    }
  ]
}
```

このファイルの詳しい解説は、GitHubのWikiページ[34]で読むことができます。

重要なのは、「id」欄に入れるデータは、「<Kaggleユーザー名>/<データセットID>」という形式である必要がある点と、「resources」欄にアップロードするデータファイルの一覧を入れる必要がある点です。

「dataset-metadata.json」ファイルを保存したら、次のように、「kaggle datasets create -p kaggle_api_test」というコマンドでKaggle APIを実行します。

```
$ kaggle datasets create -p kaggle_api_test
Starting upload for file in.csv
100%|██████████████████████████████████████████████████
| 6.00/6.00 [00:05<00:00, 1.01B/s]
Upload successful: in.csv (6B)
Your private Dataset is being created. Please check progress at https://www.kaggle.com/
tanreinama/sample-dataset
```

すると、ディレクトリ内の「in.csv」がアップロードされ、データセットが作成されます。

作成したデータセットは、ブラウザからKaggleを開くことでも確認することができます。

[34]：https://github.com/Kaggle/kaggle-api/wiki/Dataset-Metadata

●作成したデータセット

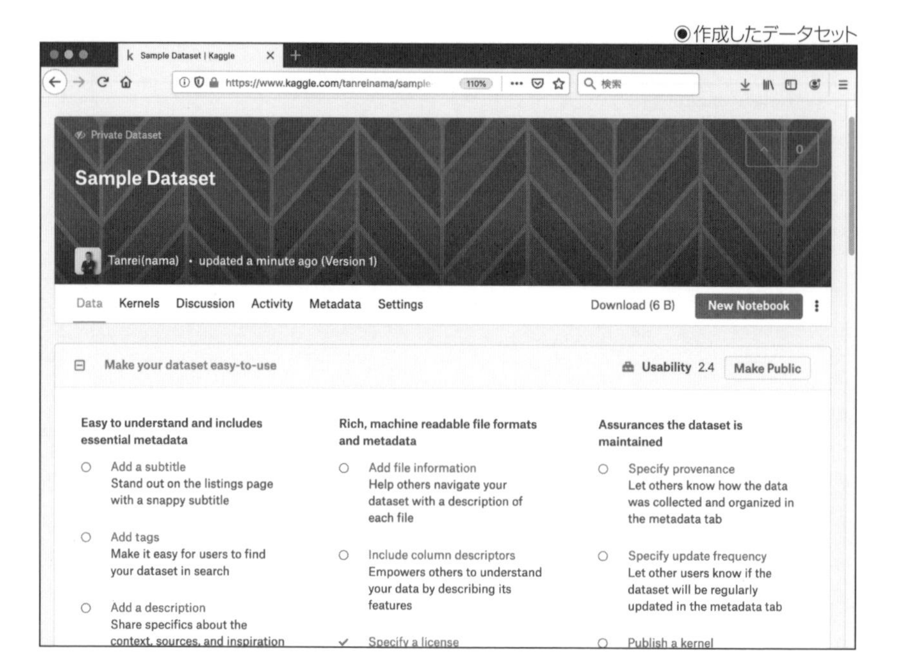

◆ノートブックを実行する

次に、アップロードしたデータファイルを解析するノートブックを作成します。

ここではダミーのノートブックを作成するので、次のように、データファイル内の数値を足し合わせて「out.csv」という名前のファイルに保存するだけの、単純なPythonプログラムを作成しました。

このPythonソースファイルを、「kaggle_notebook_test」というディレクトリ内に「sum.py」として保存します。

```
$ cat kaggle_notebook_test/sum.py
import pandas as pd
df = pd.read_csv("../input/in.csv",header=None)
ds = df.sum(axis=1)
ds.to_csv("out.csv",index=False)
```

次に、データセットのときと同じように、ノートブックのメタデータを作成します。

作成するメタデータのファイル名は、「kernel-metadata.json」で、同じく詳しい解説はGitHubのWikiページ[35]にあります。

[35]:https://github.com/Kaggle/kaggle-api/wiki/Kernel-Metadata

ここでも、「id」の欄には「<Kaggleユーザー名>/<ノートブックID>」という形式で値を入れる必要があります。

また、ノートブックが利用するデータセットは、「dataset_sources」欄に配列として入れます。

```
$ cat kaggle_notebook_test/kernel-metadata.json {
  "id": "<Kaggleユーザー名>/api_test_notebook",
  "language": "python",
  "title": "API Test",
  "competition_sources": [],
  "is_private": "true",
  "kernel_type": "script",
  "enable_gpu": "false",
  "dataset_sources": ["<Kaggleユーザー名>/sample-dataset"],
  "code_file": "sum.py",
  "kernel_sources": [],
  "enable_internet": "false"
}
```

その他、「enable_gpu」欄でGPUの設定なども行い、「kaggle kernels push -p kaggle_notebook_test」というコマンドでノートブックを作成します。

```
$ kaggle kernels push -p kaggle_notebook_test
Kernel version 1 successfully pushed.  Please check progress at https://www.kaggle.com/
tanreinama/api-test
```

するとKaggle上にノートブックが作成され、実行されます。

●作成したノートブック

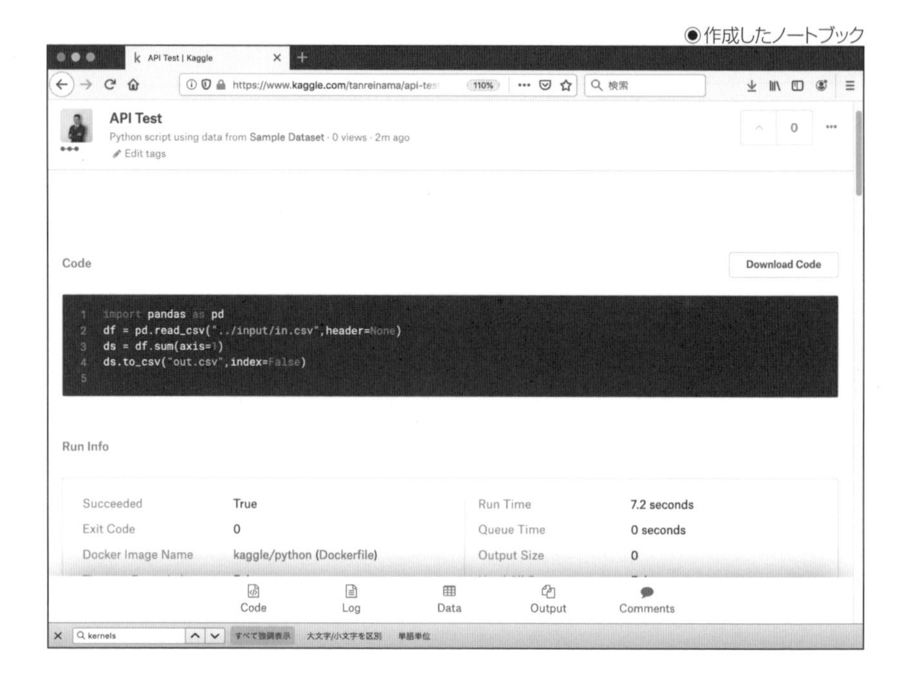

◆ノートブックの実行結果をダウンロードする

ノートブックの実行結果を取得するには、「kaggle kernels output ＜Kaggleユーザー名＞/＜ノートブックID＞」というコマンドを実行します。

すると、ノートブックの実行結果と、実行ログがダウンロードされます。ノートブックの実行がまだ終わっていない場合は、実行ログのみがダウンロードされます。

```
$ kaggle kernels output ＜Kaggleユーザー名＞/api-test
Output file downloaded to /home/ubuntu/kaggle/out.csv
Kernel log downloaded to /home/ubuntu/kaggle/api-test.log
```

実行結果のファイルを表示すると、データセットとしてアップロードしたファイル内の数値を足し合わせた結果が保存されていることがわかります。

```
$ cat out.csv
6
```

APPENDIX

よく使われる機械学習ライブラリ

LightGBMの使い方

LightGBMとは

　Kaggleを楽しみ、コミュニティの一員として貢献するためには、機械学習を中心としたデータ解析についての知識とプログラミングスキルが欠かせません。一口に機械学習といってもさまざまな種類があり、プログラム上から利用できるライブラリやパッケージにも、いろいろなものがあります。

　しかし、Kaggleでは、コンペティションでスコアを競い合うという性質上、汎化誤差の少なさなどスコア向上に直結する性能が良いパッケージが使われる傾向にあります。そこで、ここでは、付録として、Kaggleでよく使用される機械学習パッケージをいくつか簡単に紹介し、コンペティションのデータに対して学習させるコードを解説します。

　まず最初に、決定木を使用したアンサンブル学習の1つである、LightGBMというパッケージを紹介します。

　LightGBMは、決定木による勾配ブースティンス（Gradient Boosting Decision Tree、GBDT）の実装の1つで、Microsoftの研究者が発表し、高速な学習と汎化性能の良さから人気のアルゴリズムです。

　決定木とは、データをいくつもの葉に分割して解析する手法で、枝となるノードをたどりながら、その枝に含まれている条件式に従ってデータを判定していくアルゴリズムです。

◉決定木

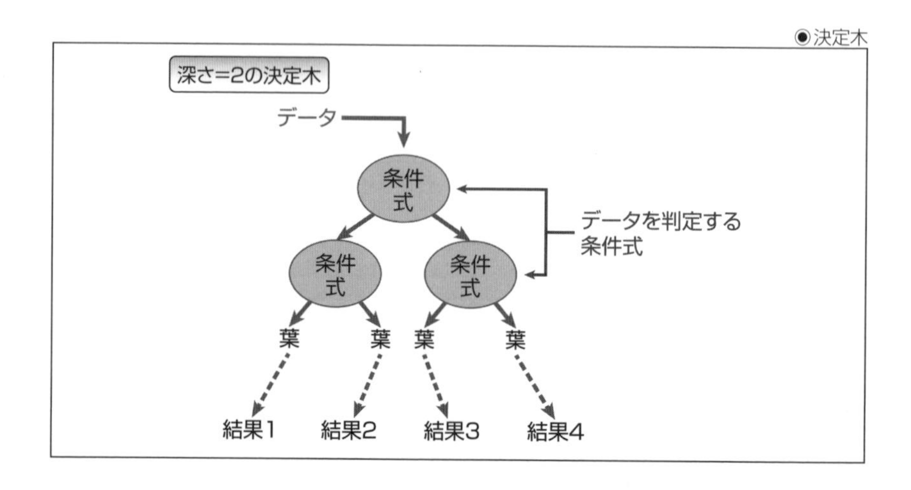

そしてGradient Boosting Decision Treeとは、1つの決定木だけではなく、複数の決定木を使用して最終的な結果を求める手法で、モデルの出力と正解データとの差を、新しい決定木の学習に目的変数として使用することで、次々と決定木を追加していきながら制度を向上させていく手法です。

●Gradient Boosting Decision Tree

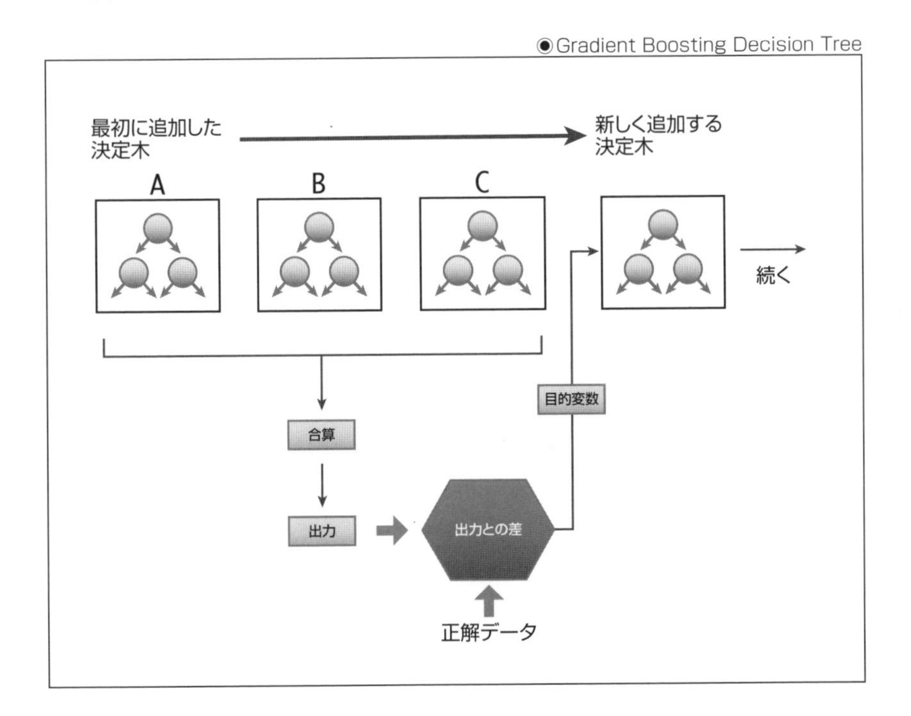

そしてLightGBMは、決定木の学習とGradient Boosting Decision Treeをもとに、速度と汎化性能を向上させるためのさまざまな工夫を実装したパッケージの名称です。

LightGBMのサンプルコード

LightGBMの学習を行う際に利用できる機能として、過学習を防ぐためにあらかじめ評価用のデータを別に用意して、勾配ブースティンスの一過程ごとにスコアを評価できる機能があります。

そもそも勾配ブースティンスは過学習が起こりやすいアルゴリズムですが、下図のようにLightGBMでは、学習用データすべてを決定木の学習に使用するのではなく、いくらかのデータを評価用に使用して、そのデータに対するスコアが向上しなくなるまで学習を繰り返す、という動作が可能です。

◉評価用データを取り分ける

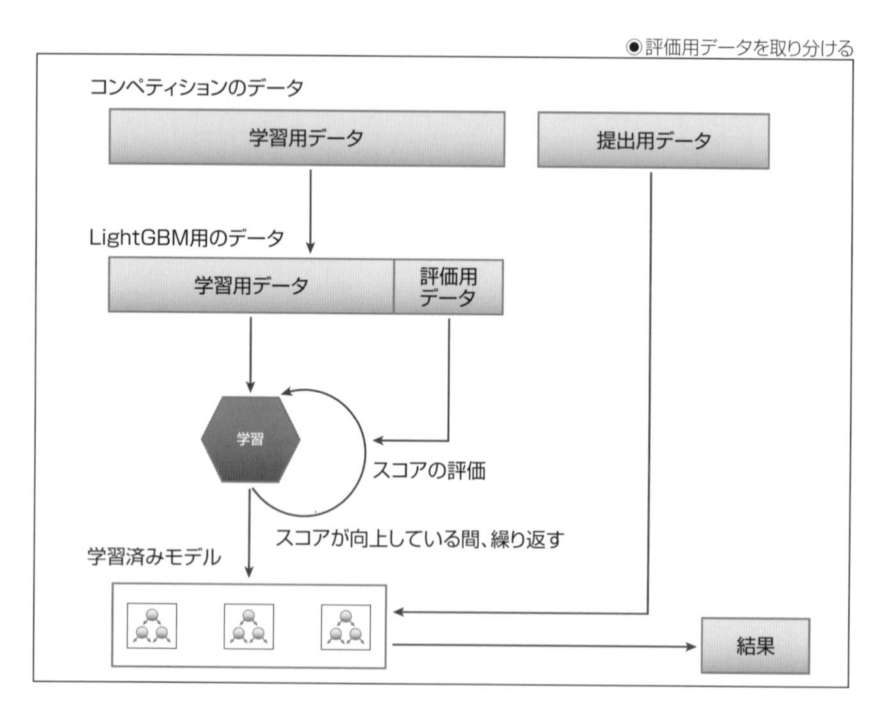

その機能を利用した、LightGBMを使用するコードは、次のようになります。ここでも第3章と同じく「Digit Recognizer」コンペティションのデータを使用して、28×28=784個のデータを、10個の種類に分類するソースコードを作成します。

なお、このソースコードは、「LightGBM_baseline」というノートブック[1]として公開しています。

[1]:https://www.kaggle.com/tanreinama/lightgbm-baseline

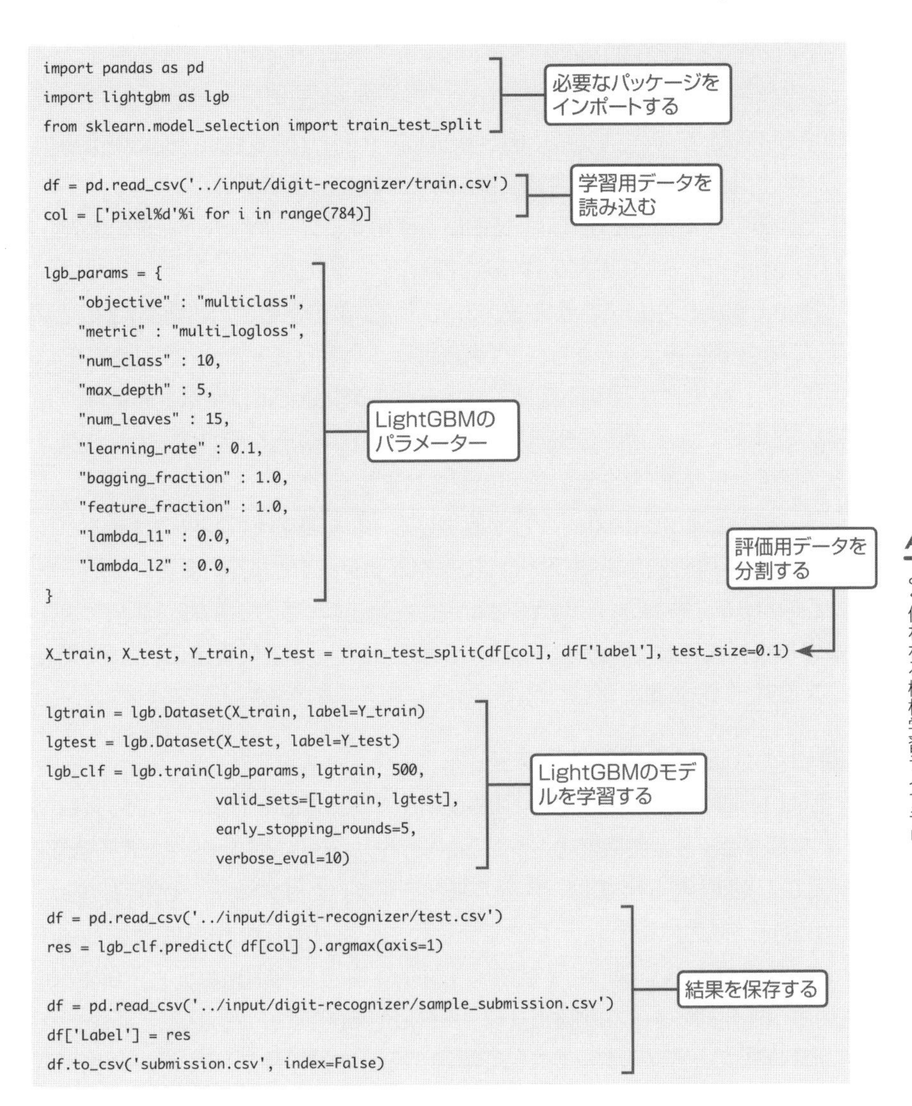

```
import pandas as pd
import lightgbm as lgb
from sklearn.model_selection import train_test_split

df = pd.read_csv('../input/digit-recognizer/train.csv')
col = ['pixel%d'%i for i in range(784)]

lgb_params = {
    "objective" : "multiclass",
    "metric" : "multi_logloss",
    "num_class" : 10,
    "max_depth" : 5,
    "num_leaves" : 15,
    "learning_rate" : 0.1,
    "bagging_fraction" : 1.0,
    "feature_fraction" : 1.0,
    "lambda_l1" : 0.0,
    "lambda_l2" : 0.0,
}

X_train, X_test, Y_train, Y_test = train_test_split(df[col], df['label'], test_size=0.1)

lgtrain = lgb.Dataset(X_train, label=Y_train)
lgtest = lgb.Dataset(X_test, label=Y_test)
lgb_clf = lgb.train(lgb_params, lgtrain, 500,
                    valid_sets=[lgtrain, lgtest],
                    early_stopping_rounds=5,
                    verbose_eval=10)

df = pd.read_csv('../input/digit-recognizer/test.csv')
res = lgb_clf.predict( df[col] ).argmax(axis=1)

df = pd.read_csv('../input/digit-recognizer/sample_submission.csv')
df['Label'] = res
df.to_csv('submission.csv', index=False)
```


このソースコードは、CHAPTER 03で作成したMLPClassifierを使用するノートブックと同じ構成で作られています。

まず最初に必要なパッケージをインポートし、学習用データを読み込みますが、ここはパッケージが「lightgbm」になっているくらいで、CHAPTER 03のものと特に違いはありません。

その次に、LightGBMのパラメーターを定義している箇所があります。

パラメーターの指定後に、評価用のデータを学習用データから取り分ける箇所がありますが、これはScikit-learnの「train_test_split」関数を使用して、学習用データの10%を評価用に取り分けています。

その後の学習部分では、LightGBMで使用するデータ型へデータを代入し、「lgb.train」でLightGBMの学習を開始しています。

「lgb.train」の引数にあるのは、ブースティンスの回数と、何回の学習ごとにスコアを評価し終了するかと、ログを表示する頻度のブースティンス回数です。

そして、結果を保存する箇所では、モデルの「predict」関数から結果を取得していますが、LightGBMの多クラス分類では、それぞれのクラスに属する可能性からなる、2次元の配列が返されます。

そこで、「argmax(axis=1)」を追加して、最も属する可能性の大きなインデックスを、最終的な結果ファイルに保存するデータとしています。

このソースコードは、「Digit Recognizer」コンペティションにおいて、第2章の最後に作成した畳み込みニューラルネットワークと同程度の、0.97前後のスコアとなります。

LightGBMのパラメーター

LightGBMなどのGradient Boosting Decision Treeアルゴリズムには、プログラマーが指定するメタパラメーターが多い、という特徴があります。

ここで指定しているのは、学習の種類を表す「objective」「metric」「num_class」と、決定木のパラメーターである「max_depth」「num_leaves」「learning_rate」、それに過学習を防ぐ正則化項となる「bagging_fraction」「feature_fraction」「lambda_l1」「lambda_l2」です。

それぞれのパラメーターについて解説すると、学習の種類を表す「objective」「metric」「num_class」は、LightGBMのモデルが多クラス分類なのか、0か1を判定する分類なのか、それとも数値を予測する回帰分析なのかを指定します。

ここでは多クラス分類を行うので、「objec　tive」に「multiclass」を指定し、「metric」と「num_class」に「multi_logloss」とクラスの個数を指定しています。

0か1かを判定する場合は、「objective」には「cross_entropy」を指定し「metric」には「AUC」や「roc」を指定します。また、回帰分析の場合は「objective」に「regression_l2」や「regression_l1」を指定します。

◉LightGBMのパラメーター

モデルの目的	objective	metric	nuM_class
多クラス分類	multiclass	multi_logloss	クラス数
0/1分類	cross_entropy	AUC / rocなど	なし
回帰分析	regression_l2	regression_l1など	l2 / l1など

決定木のパラメーターである「max_depth」「num_leaves」「learning_rate」には、一つひとつの決定木における、深さの最大値と葉の数、学習率を指定します。

決定木の深さや葉の数については、単純に大きくすれば良いというわけではなく、小さい値を用いてブースティンス回数を増やした方が良い結果となる場合もあります。

これは、小さな決定木をたくさん使う方が、勾配ブースティンスにおいては汎化性能が良くなる場合があるためです。一方で、決定木の表現力が求められるデータの場合は、ある程度以上の大きさを持つ決定木が必要になります。

過学習を防ぐためのパラメーターとしては、「bagging_fraction」と「feature_fraction」は、一度のブースティンスの際に、データをランダムに取り出す割合を指定しており、一般的には大きな値の方が汎化性能は良くなります。また、正則化項となる「lambda_l1」「lambda_l2」は、値を増やすほど、決定木の生長が抑制されます。

その他にも、LightGBMにはさまざまなパラメーターが用意されていますが、基本的には、モデルの学習のさせ方を定義するもの、評価に関するもの、過学習の抑制のためのもの、に分類することができます。

それらのパラメーターを適切にチューニングすることで、LightGBMの性能は大きく変化するので、コンペティションでLightGBMを使用する際には、CHAPTER 05の内容も参照して、適切なパラメーターを見つけ出すようにします。

fastaiの使い方

fastaiとは

LightGBMの他にもう1つ、fastaiというフレームワークを紹介します。

「fastai」[2]は、ニューラルネットワークの学習と実行を行うディープラーニングのフレームワークです。

ニューラルネットワークを使用するフレームワークはさまざまなものがありますが、fastaiは、ニューラルネットワークの性能を向上させる学習のテクニックなどをあらかじめ実装しており、自分でそれらのテクニックを実装しなくても、簡単に良いスコアを出すことができます。

実際に、第4章で紹介したように、Kerasというフレームワークで作成したニューラルネットワークのモデルを、fastaiに移植しただけでコンペティションのスコアが向上した例もあります。

fastaiを使った画像認識

ここでもこれまで同様、まずfastaiを使って「Digit Recognizer」コンペティションのデータを、10個の種類に分類するソースコードを紹介します。

このソースコードは、これまで紹介してきたものよりパラメーター数の多い畳み込みニューラルネットワークを学習させるので、GPUを使用します。

そのため、Kaggleのノートブックで実行する際には、CHAPRER 03の内容を参照してGPUオプションをONにしてから実行してください。

なお、このソースコードは、「FastAI_and_pytorch_baseline」というノートブック[3]として公開しています。

[2]:https://docs.fast.ai/index.html
[3]:https://www.kaggle.com/tanreinama/fastai-and-pytorch-baseline

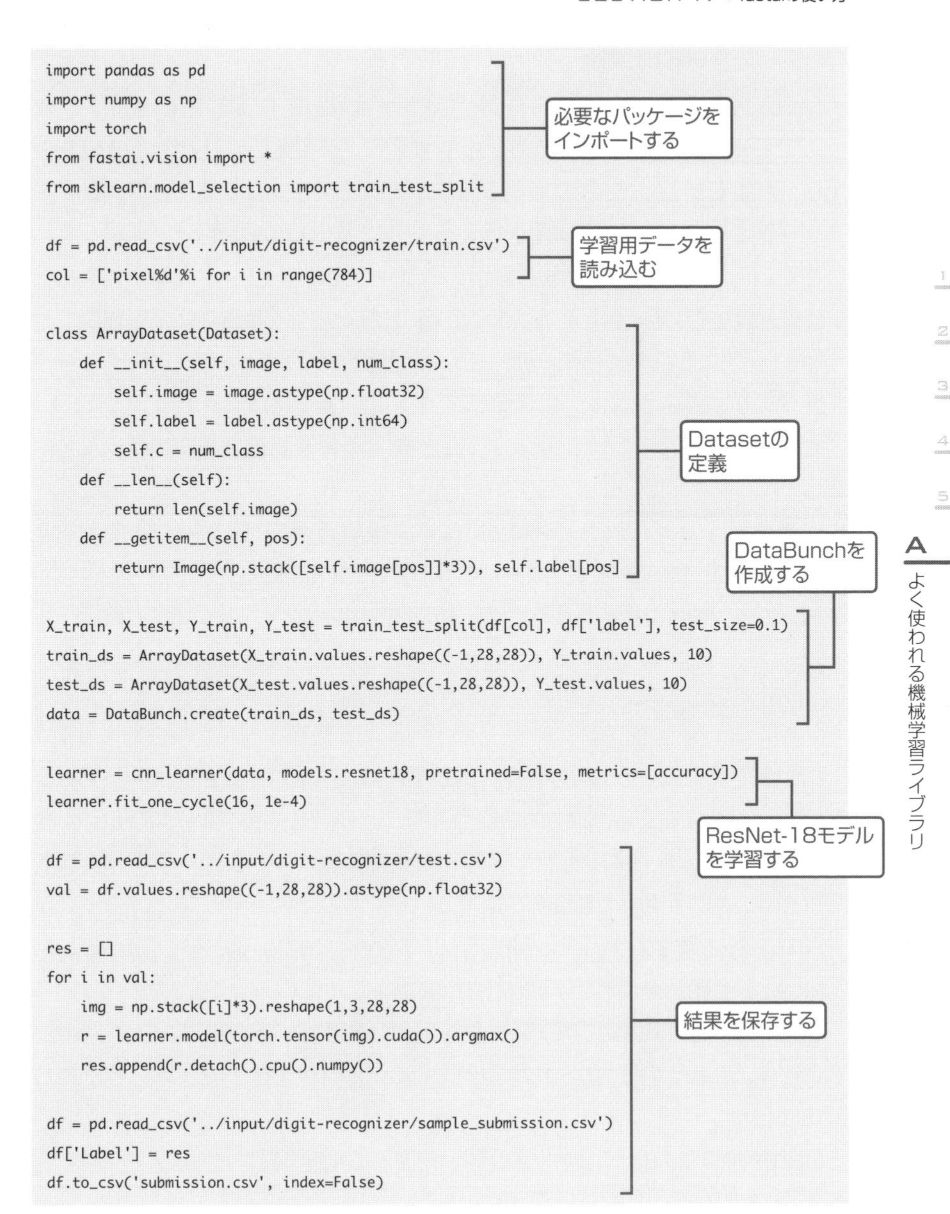


```
import pandas as pd
import numpy as np
import torch
from fastai.vision import *
from sklearn.model_selection import train_test_split

df = pd.read_csv('../input/digit-recognizer/train.csv')
col = ['pixel%d'%i for i in range(784)]

class ArrayDataset(Dataset):
    def __init__(self, image, label, num_class):
        self.image = image.astype(np.float32)
        self.label = label.astype(np.int64)
        self.c = num_class
    def __len__(self):
        return len(self.image)
    def __getitem__(self, pos):
        return Image(np.stack([self.image[pos]]*3)), self.label[pos]

X_train, X_test, Y_train, Y_test = train_test_split(df[col], df['label'], test_size=0.1)
train_ds = ArrayDataset(X_train.values.reshape((-1,28,28)), Y_train.values, 10)
test_ds = ArrayDataset(X_test.values.reshape((-1,28,28)), Y_test.values, 10)
data = DataBunch.create(train_ds, test_ds)

learner = cnn_learner(data, models.resnet18, pretrained=False, metrics=[accuracy])
learner.fit_one_cycle(16, 1e-4)

df = pd.read_csv('../input/digit-recognizer/test.csv')
val = df.values.reshape((-1,28,28)).astype(np.float32)

res = []
for i in val:
    img = np.stack([i]*3).reshape(1,3,28,28)
    r = learner.model(torch.tensor(img).cuda()).argmax()
    res.append(r.detach().cpu().numpy())

df = pd.read_csv('../input/digit-recognizer/sample_submission.csv')
df['Label'] = res
df.to_csv('submission.csv', index=False)
```

ソースコードの解説

fastaiは、下位フレームワークとしてPyTorchを採用しています。つまり、ニューラルネットワークのモデルや学習そのものはPyTorchの機能を使用し、追加で学習のための補助クラスなどをラッピングすることで、簡単にニューラルネットワークの学習を行えるようにしているのです。

さて、PyTorchには、画像認識用のニューラルネットワークのモデルをあらかじめ定義している、torchVisionというサブパッケージが存在しています。

fastaiではそれをさらに利用して、画像認識用のニューラルネットワークを簡単に扱えるようになっているので、ここではその機能を利用して、「Digit Recognizer」コンペティションの手書き数字画像を認識するプログラムを作成します。

まず最初に、PyTorchとfastaiにある画像認識用のパッケージを使用するので、そのパッケージをインポートする必要があります。

パッケージをインポートするには、次の2行が必要です。

```
import torch
from fastai.vision import *
```

fastaiでのニューラルネットワークの学習は、基本的に、fastai用のデータを用意し、fastaiにあるLearnerクラスをニューラルネットワークのモデルを指定して作成し、Learnerクラスの「fit」関数または「fit_one_cycle」関数を呼び出す、という流れになります。

「fit」関数は通常の学習アルゴリズム、「fit_one_cycle」関数は、One Cycle Policyという手法を使った学習、となります。

ここではまず、fastai用のデータを用意しますが、それには、Datasetクラスを作成し、そのDataSetからDataBunchクラスを作成する必要があります。

Datasetクラスはニューラルネットワークに学習させるデータを定義するクラスで、ここでは下記のように「Dataset」クラスから派生した「ArrayDataset」クラスを作成しました。

「ArrayDataset」クラスには、データの値とラベルを保持しており、「len」と「getitem」関数で、それぞれデータの長さと、指定された位置にあるデータの値とラベルを返します。

データの値は、fastaiのImageクラスとして返します。また、データのラベルは、PyTorchのLongに変換されるように、Numpyのint64型にします。

また、「ArrayDataset」クラスにある「c」という変数には、クラス分類の場合はクラスの最大個数を保持しておきます。

```
class ArrayDataset(Dataset):
    def __init__(self, image, label, num_class):
        self.image = image.astype(np.float32)
        self.label = label.astype(np.int64)
        self.c = num_class
    def __len__(self):
        return len(self.image)
    def __getitem__(self, pos):
        return Image(np.stack([self.image[pos]]*3)), self.label[pos]
```

そして、「ArrayDataset」クラスで学習用データと検証用データを、「train_ds」「test_ds」という名前の変数に作成しておくと、次のように「DataBunch.create」関数を使用して、DataBunchクラスを作成することができます。

```
data = DataBunch.create(train_ds, test_ds)
```

torchVisionを使う

次に、torchVisionにあるresnet18というニューラルネットワークのモデルを指定して、fastaiのLearnerクラスを作成します。

ここでは画像用の畳み込みニューラルネットワークを使用するので、「cnn_learner」関数を呼び出してLearnerクラスを作成します。

「cnn_learner」関数の引数は、先ほど作成したDataBunchクラスとモデルのクラス、ImageNetで学習済みモデルをダウンロードするかどうか、評価関数の定義、となります。

ここでは次のように「cnn_learner」関数を呼び出し、さらに「fit_one_cycle」関数を呼び出して、合計16回の学習を行います。

```
learner = cnn_learner(data, models.resnet18, pretrained=False, metrics=[accuracy])
learner.fit_one_cycle(16, 1e-4)
```

結果を保存する

そして、コンペティションの提出用データを読み込んでニューラルネットワークを実行し、結果を求めます。

学習したニューラルネットワークのモデルは、Learnerクラスの中の「model」から呼び出すことができます。

fastaiはPyTorchのラッピングパッケージなので、ニューラルネットワークのモデルそれ自体は、PyTorchのモデルです。そのため、ニューラルネットワークを実行するには、PyTorchのtensorクラスでデータを入力する必要があります。

さらにここではGPUを使っているので、下記のようにデータを一つひとつ取り出した後に、「torch.tensor」でPyTorchのデータとし、「cuda」関数を呼び出してGPUメモリ上のデータにします。

そしてそのデータを引数にモデルを実行した後は、LightGBMのときと同様「argmax」関数を使用して確率をクラス分類とし、GPU上のPyTorchデータを「detach().cpu().numpy()」でCPU上のNumpyデータに戻し、配列「res」変数の中に追加していきます。

```
df = pd.read_csv('../input/digit-recognizer/test.csv')
val = df.values.reshape((-1,28,28)).astype(np.float32)

res = []
for i in val:
    img = np.stack([i]*3).reshape(1,3,28,28)
    r = learner.model(torch.tensor(img).cuda()).argmax()
    res.append(r.detach().cpu().numpy())
```

最後に、コンペティションに提出するためのファイルを保存します。

```
df = pd.read_csv('../input/digit-recognizer/sample_submission.csv')
df['Label'] = res
df.to_csv('submission.csv', index=False)
```

このソースコードは、「Digit Recognizer」コンペティションにおいて、これまでに紹介してきたノートブックよりも優れた、0.99前後のスコアとなります。

索引

さ行

た行

な行

は行

ま行

ら行

■著者紹介

坂本 俊之（さかもと としゆき）　機械学習エンジニア・兼・AIコンサルタント
現在はAIを使用した業務改善コンサルティングや、AIシステムの設計・実装支援などを行う。

E-Mail:tanrei@nama.ne.jp

編集担当 ： 吉成明久 / カバーデザイン ： 秋田勘助（オフィス・エドモント）
イラスト ： ©Taiga - stock.foto

データサイエンスの森　Kaggleの歩き方

2019年11月1日　初版発行

著　者　坂本俊之
発行者　池田武人
発行所　株式会社　シーアンドアール研究所
新潟県新潟市北区西名目所4083-6(〒950-3122)
電話　025-259-4293　FAX　025-258-2801
印刷所　株式会社　ルナテック

ISBN978-4-86354-293-8 C3055